育てて楽しむ

小さなハーブガーデン

監修 大多喜ハーブガーデン
レシピ制作 こてらみや

はじめに

植物のある生活がしたいけれど、育てるのはちょっと苦手……。
そんな方はぜひ、ハーブから始めてみてください。

ハーブは繁殖力が旺盛で、
一度植えれば、ほったらかしでも元気に育ってくれるものがほとんど。
特別なテクニックがなくても、ナチュラルなガーデンができ上がります。

そして、ハーブを育てればうれしいおまけがたくさんついてきます。
収穫したハーブにお湯を注げばハーブティーに。
香りのいい葉をサラダに加えたり、
ラフにまとめてお部屋に飾ったり。
庭で観賞するだけにとどまらず、
収穫して暮らしに取り入れれば、さらにハーブの魅力を感じられます。

本書では、庭の一部の小さなスペースを使い、
目的に合わせたハーブガーデンのデザインを紹介しています。
庭のどこに作りたいか？
どんなふうに楽しみたいか？
本書で紹介する11のガーデンを参考にして、
自分の理想に合ったハーブガーデンを作ってみませんか？

最初は小さい苗でも、
年を経るごとに大きく育ち、より自然で充実したガーデンになっていきます。
植物が生き生きと育っていく姿を間近に見ることは、
家時間を楽しむ暮らしの喜びにもつながっていくことでしょう。

目次

1 ハーブガーデンのプランニング

2 ハーブガーデンのアイディア

本書の使い方

＊本書では11のガーデンを紹介しています。目的に沿った植物の組み合わせ（食用、観賞用等）や、どういう場所に作るとよいかなどが記載されていますので、ご希望に近いガーデンを選んで作ってみてください。
＊苗は3寸（直径約9cm）のポリポットのものを使っています。商品によって大きさが異なる場合がありますので、スペースに合わせて苗の数を調整してください。大きく育っていくことを考えると、最初はゆったりめに植えるとよいでしょう。
＊第３章は、第１章と第２章で使ったハーブと植物の育て方を紹介しています。

1

Garden planning

ハーブガーデンのプランニング

ハーブガーデンの設計から施工、楽しみ方まで

ガーデン作りには大きく分けて３段階のステップがあります。

最初の「設計」はどんなガーデンを作るかという計画立案、次の「施工」は実際に手を動かす作業、最後の「楽しみ方」は暮らしへの取り入れ方。それぞれの具体的な考え方と実践方法をご紹介します。

ガーデン作りの流れ

ガーデンの設計

a　どこに作りたいか？　P.11

b　どんな花壇にしたいか？　P.12

c　どんな植物を植えたいか？　P.13

ガーデンの施工

d　材料を準備する　P.14

e　土を作る　P.15

f　花壇を作る　P.16

g　種をまく・苗を植える　P.17

日々の作業・楽しみ方

h　日々のガーデン作業　P.18

i　ハーブを楽しむ　P.19〜20

←—— 詳しいポイント、作り方は次のページから！

a どこに作りたいか？

あなたは家のどの場所にハーブの庭を作りたいと考えているでしょうか。まずは、庭のある一般的な一軒家を想定して、庭のどこにガーデンを作るとよいかをシミュレーションしてみました。メインのスペースのほか、玄関までのアプローチや狭小スペースなど、空間や環境に合わせたガーデンのアイディアを紹介します。

一軒家のガーデンプランニング例

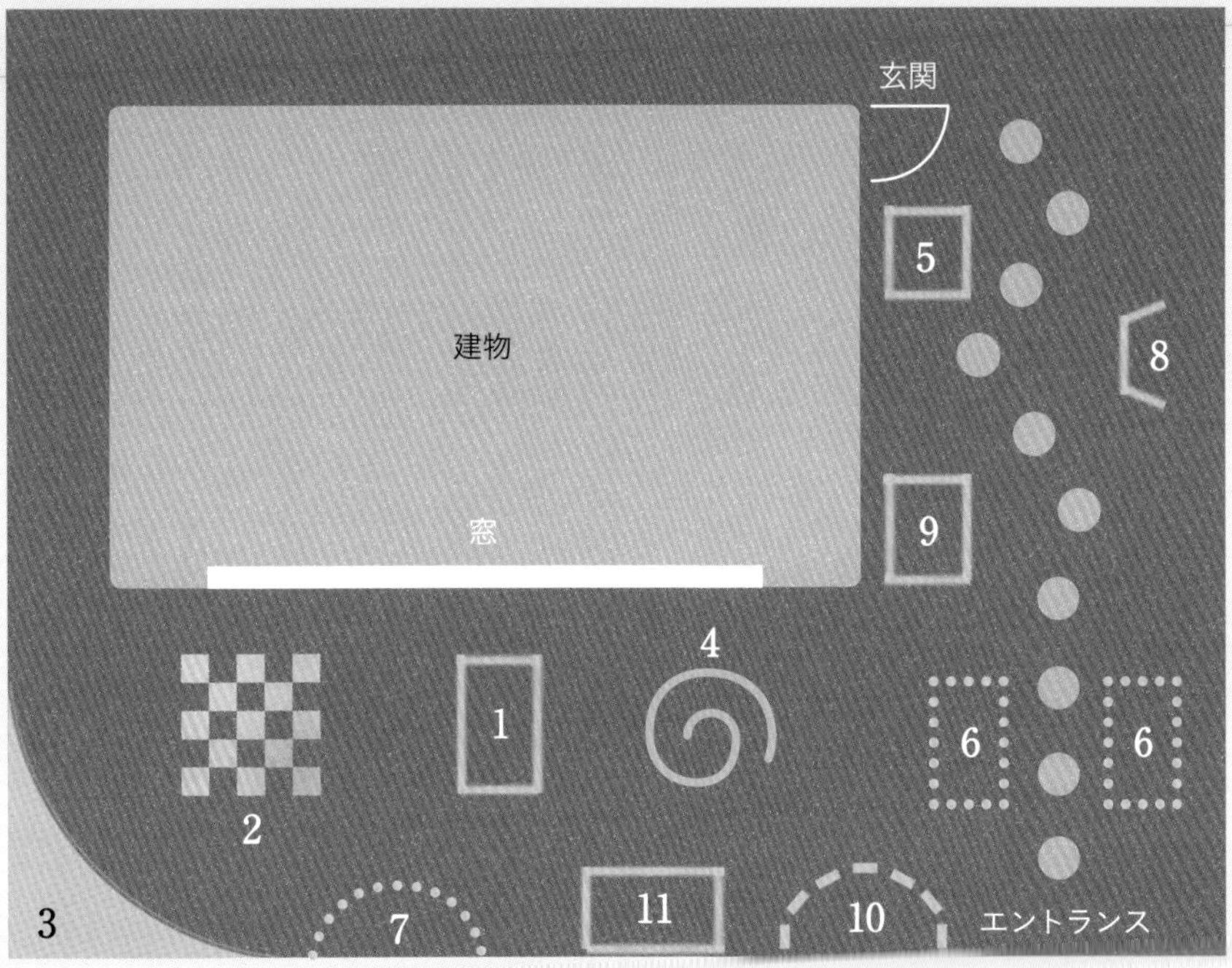

1 ポタジェガーデン
→P.16

サラダなどに使える葉ものを組み合わせた"食べる"ガーデン。いつでも収穫しやすいよう、リビングなどに面したメインの窓の近くに作るとよい。

2 チェスガーデン
→P.22

チェス盤をイメージしたガーデンは、どの角度から見ても楽しめるデザイン。ハーブティー用の植物を取り合わせ、こちらも収穫しやすい場所に作る。

3 トライアングルガーデン
→P.28

庭のコーナーを生かして三角形に作ったガーデン。二方向が壁なので、仕切りを作るのは一辺だけ。お茶や料理に使いやすいハーブをセレクト。

4 スパイラルガーデン
→P.32

スパイラル状の仕切りの中に、料理に使うハーブを植えたガーデン。どこからでも収穫・作業ができるように庭の中央にセッティング。

5 虫のつきにくいガーデン
→P.37

虫が苦手な人におすすめの植物の組み合わせ。玄関や窓ガラスなど出入り口の近くに作ると、部屋に虫が入りにくいメリットも。

6 フラワーガーデン
→P.38

入り口の通路の左右にシンメトリーに作るガーデンで、四季折々の花が出迎えてくれる。多年草なので植え替えはなく、年数をかけて育てていく。

7 シルバーガーデン
→P.42

壁や塀を利用してその手前に作る半円形のガーデン。レンガや木枠などは使わず、植物だけで作るのでやや広めのスペースだとのびのび育つ。

8 メディカルガーデン
→P.46

狭いスペースでも作れる小さなガーデン。薬効に優れたハーブを集め、「緑の薬箱」のイメージで作る。多年草なので基本はほったらかしでOK。

9 ロックガーデン
→P.50

家の壁際などちょっとした空きスペースを活用できるガーデン。石を積み上げたその間から多肉植物などが顔を出し、小さいながらも目を引く。

10 樹木の下
→P.51

シンボルツリーなど庭木の下を植物で覆いたいという人に。木陰でも育ちやすく、横に広がってグランドカバーになる植物を選ぶのがポイント。

11 ハーブと夏野菜ガーデン
→P.52

春に植えて夏から秋まで収穫を楽しめるガーデン。ゴーヤはつる性なのでネットなどが設置できる場所に。緑のカーテンで夏の強い日差しを防げる。

≫b どんな花壇にしたいか？

花壇には数限りないパターンがあります。植物の種類、全体のデザイン、そして土や日当たりなどの環境と条件。どんな花壇も世界にひとつだけのもの。だからこそ暮らしになじむ居心地と眺めのいい花壇をじっくりと考えてみてください。

チェックポイント

一方見にするか、多方見にするか？

特定の一方向から眺める「一方見」と、あちこちの角度から眺める「多方見」は、作りたい場所にも関係してきます。壁際に作るならおのずと一方見になりますし、庭の中央に作る場合は多方見に。

いずれのガーデンでも、手前側や左右は背が低く横に広がる植物を、奥側や中央には背の高く育つ植物を植えて高低差をつけるとバランスよく見え、作業もしやすくなります。

一方見のガーデン

庭のコーナーに作った三角形のガーデンは一方見。奥を高く、手前を低く、左右対称に植えると見栄えがよい。最前には這って横に広がる植物を。

多方見のガーデン

庭の中央に正方形のスペースを作り、四方どこからでも楽しめるデザインに。中央を高く、周辺を低くするか、全体をフラットに植える。

チェックポイント

花壇をどの素材で作るか？

ガーデンをナチュラルな雰囲気にするなら木材がおすすめ。草花によくなじみ、自然な趣が楽しめます。アンティークの古材を使うのも味わい深い仕上がりに。枕木や丸太など、さまざまな種類があります。

初心者の方でも扱いやすいレンガもいいですね。劣化が少ないので手入れが楽ですし、しっかりと作り込んだような見栄えになります。色や並べ方次第でデザインの幅も無限大です。

木材

木材4本をビスで留めれば完成。木材はホームセンターでも購入できるが、古木や枕木を使うと雰囲気がよい。

丸太

円形なのでやわらかい印象。ビスは使わず、重ねたり置いたりするだけで自然な雰囲気のガーデンが作れる。

レンガ

軽量タイプや色みの異なるタイプなどさまざま。華やかで色の演出がしやすく、扱いやすいのもうれしい。

シート状レンガ

薄いレンガがつなぎ合わされた商品で、置くだけなので手軽。防草対策にもなり、きちんと作り込んだ印象に。

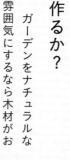

C どんな植物を植えたいか？

あなたがイメージするガーデンにはどんな植物が植えられているでしょうか。このハーブが好きだからという理由で選ぶのももちろんアリですが、そこから一歩進んで、選んだ植物がご自身のライフスタイルやインテリアとマッチしているかどうかにも、ぜひ目を向けてみましょう。

チェックポイント

使う目的で選ぶ

せっかくハーブを育てるなら「眺める」だけではもったいない！ ぜひ「使う」ことも存分に楽しみましょう。

採れたてのフレッシュな葉でハーブティーを飲む、毎日の料理にたっぷりと入れて味わう、ブーケやスワッグを作って部屋に飾るなど、ハーブの使い道は多種多様。どんなふうに使いたいかを基準に植える植物を決めれば、生長を見守るのがますます楽しみになりそうです。

スワッグに

ドライフラワーにすると、また違ったシックなテイストを楽しめる。壁などに吊り下げても部屋のインテリアに。

ブーケに

観賞用のハーブの花を束ねて、小さな香りのブーケ・タッジーマッジーに。プレゼントにしても喜ばれるはず。

料理に

サラダや煮込みに入れるなど、いつもの料理に香りをプラス。オイルやビネガーにつけて調味料にしても。

ハーブティーに

一番簡単に香りを楽しめるハーブティー。新鮮なハーブをたっぷり使えるのは、庭で育てている醍醐味。

チェックポイント

花や葉の色で選ぶ

ワンカラーで統一感をもたせるもよし、複数の色を使ってカラフルにするもよし。色みからデザインを考えるのもひとつの方法です。

葉の緑にも青っぽいもの、黄みがかったものなどさまざまな種類があるので、その違いも生かしながら植物の組み合わせを考えてみては。淡い色で統一する、好きな色をひとつ決めてそれに合うものを探すなど、まずは基本方針を固めてスタートを。

多年草は植えっぱなしでよく、また開花の時期をずらした植物選びをすると、どの季節にも花が楽しめる。

多年草か一年草かを考える

多年草とは、毎年花を咲かせる植物のこと。地上部は寒くなると枯れるもの（宿根草）もありますが、地下部は生きて越冬し、春になると再び発芽します。植え替えなどの世話が不要なため、育てやすいのが特徴。対して一年草は発芽から枯れるまでが1年以内に行われる植物を指します。それぞれの特性を知ったうえで、どれだけ手をかけられるかを考えて植物を選びましょう。

d 材料を準備する

植物がしっかりと根付いて育っていくために、まずはこれだけの材料と道具が必要。逆にいうと、この土台をしっかり作ることができれば、理想の庭作りがグッと身近になるんです。

道具について

くわ

土を耕す際に使用。刃にある程度の重さがあるものの方が、力を入れなくても掘れる。手で持ち上げたり振り上げたりするのに支障のない範囲で重いものを選ぶとよい。

シャベル

かたい土を掘り起こす際などに使用。最近ではさまざまなサイズが売られているので、持ちやすく扱いやすいものを。価格帯に幅があるようなら、安いものでOK。

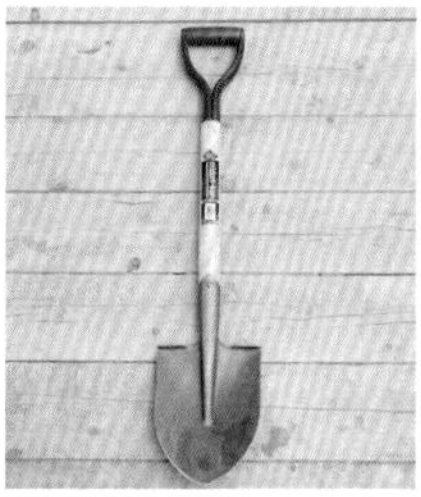

移植ごて

苗植えや植え替えで土に穴を掘る際に使用。刃の形状が大きめの方が作業がしやすい。持ち手の部分が曲がってしまうことがあるので、頑丈なものを選ぶ。

草取りがま

雑草駆除に使用。雑草は生えっぱなしにすると植えた植物に養分がいかなくなるので、適宜除去するとよい。少量なら手で抜けばよいが、広範囲ならかまがあると便利。

じょうろ

植物の水やりに使用。水の勢いで土が削れるのを防ぐため、霧のようにやさしく細かな水が出てくるタイプを選ぶ。大きすぎると水の重さで持ち上げられなくなるので注意を。

土について

くん炭

炭酸カリウムや炭酸ナトリウムを含み、水に溶けると強いアルカリ性に。腐葉土や有機肥料を使用した土に混ぜ込むと、嫌な臭いを軽減する効果が期待できる。

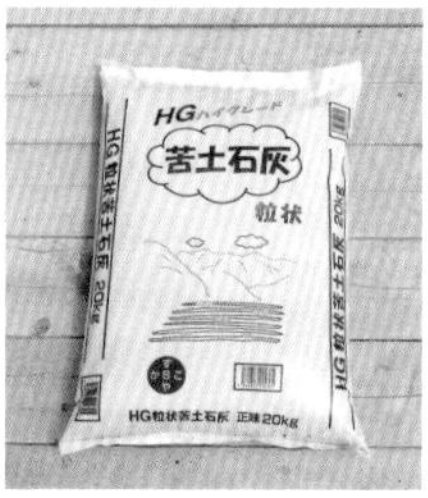

苦土石灰

強いアルカリ性で、炭酸カルシウムと炭酸マグネシウムが主な成分。植物の根が強くなり、葉のツヤを取り戻して黄色く変色して枯れてしまうのを防ぐ。

牛フン堆肥

肥料としての効果もある有機質たっぷりの堆肥。緩やかに長く効果が続く。土がふかふかになり、通気性、保水性、排水性がよくなる。土壌生物、微生物が増えて病虫害を抑制。

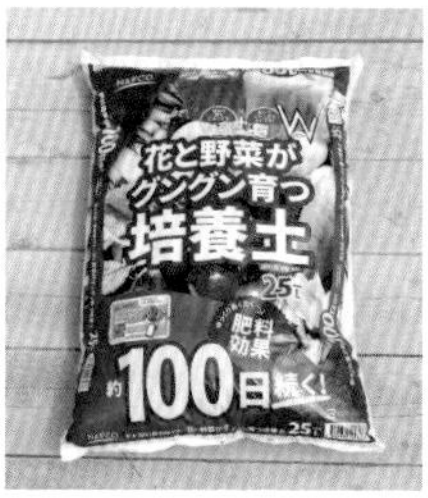

培養土

野菜や観葉植物など特定の植物向けに、数種類の用土や肥料が配合された土のこと。土の50％以上を占める「基本用土」を主体に、水はけ・水もちを調整するために加えた「改良用土」や肥料等で構成されている。元の土の状態がよければ、培養土を加えるだけでもよい。

赤玉土

関東ローム層の赤土から作られている、弱酸性の土。保水性、排水性、保肥性にすぐれ、雑菌などが繁殖しにくく、挿し木などによく使われる。全体量の約50％程度を目安に加える。赤玉土の粒は水やりや風雨にさらされることによって風化して砂状になるので、定期的に確認をして入れ替えを。

e 土を作る

用意した材料と道具を使って、実際にガーデンの土を作っていきましょう。ここでは基本的なハーブの土づくりをご紹介します。

1

土を耕す

ガーデンを作りたい場所の土を掘る。目安はくわの刃が地中に完全に埋まること。表面よりも下の方がかたい場合が多いので、深部までしっかり耕す。

2

培養土を入れる

栄養成分が豊富で最も使用量の多い培養土をまず最初に土に加える。今回の190×90cmの広さのガーデンであれば、1袋（40L）すべて使用。

3

赤玉土を入れる

土の中の水分量を適正にコントロールしてくれる働きがあるので、たとえばぬかるみがあり、水はけが悪い場所なら多めに入れるなど、土の状態を見つつ使用。土の配合に決まりはなく、育ち方を見ながら変えていくとよい。

4

混ぜ込む

くわを使って、天地を返しながら全体をまんべんなく混ぜる。一度にすべて混ぜるのは重労働なので、1種類ずつ、少量ずつ混ぜながら進めても可。

5

くん炭を入れる

もみ殻や木屑を焼いて炭にしたもので、堆肥同様、植物を大きく強く育てる働きがある。表面にパラパラとふりかけて土全体を覆う程度が使用量の目安。

6

苦土石灰を入れる

土にカルシウムが加わることで植物の生長を促してくれる。表面にパラパラとふりかけて土全体を覆う程度が使用量の目安。

7

混ぜ込む

牛フン堆肥を入れる場合はここで加え、再びくわを使って全体をまんべんなく混ぜる。空気が入って、ふかふかのやわらかな手触りになったら完成。

花壇作りの道具について

木材

長もちさせるなら防腐剤入りを選ぶこと。板の厚みは2cm程度あると強度の面でも安心。木の種類は問わないものの、集積材は接着面が腐食しやすいのでやめた方がよい。

電動ドリル

回転のパワーは重さと大きさに比例しており、2cm厚さの板にビスを打つためであればホームセンターなどに売っている小ぶりなもので十分。ビット（先端）はプラスの形状を。

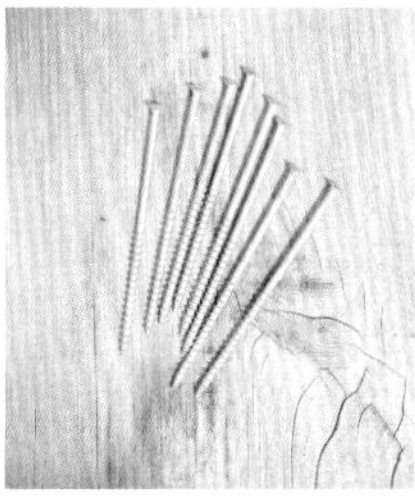

ビス

打ちつけたい板の厚さより長いものを選ぶ。ステンレス製、かつ頭部の形状はプラスのものを選べば問題なし。種類で迷ったらウッドデッキ用の「デッキビス」がおすすめ。

f

花壇を作る

四角い木枠のシンプルな花壇は、どんなガーデンにも似合います。

ビスを仮留めする

ビスを打つ面を上に向けて木材を地面に置き、厚さの半分程度まで打ち込んで仮留めをする。こうしておくと実際に枠を組み立てる時に作業がしやすい。

ビスを打つ

木枠の4つの角を図のように組むと、耐久性が強くなりぐらつかない。1か所につきビスを2本ずつ、矢印の向きで打つ。

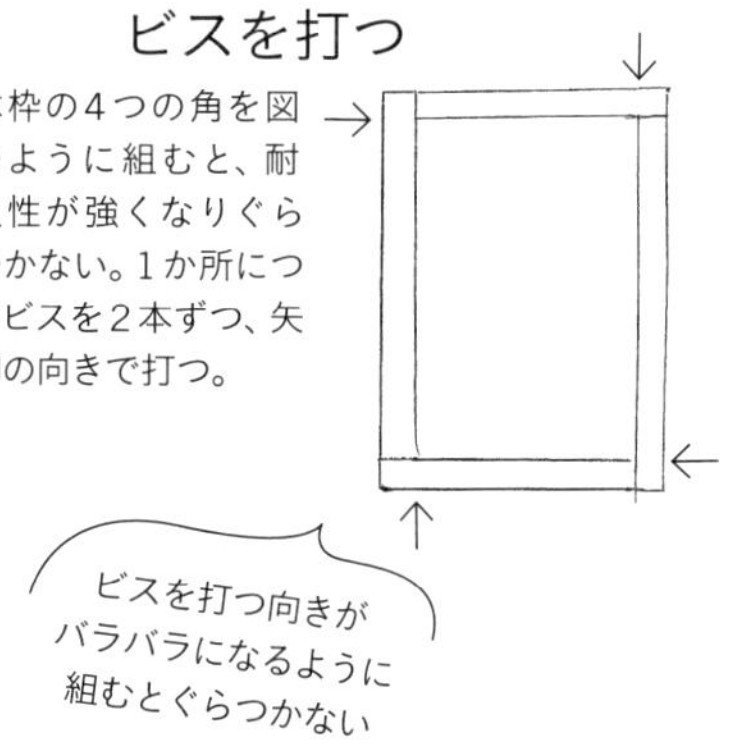

木枠を土にのせる

完成した木枠を土の上にのせる。土はあらかじめ中心を高く、縁が低くなるように山形にしておくと設置しやすい。枠に合わせて土を掘る必要はなし。

土を平らにする

木枠の中の土を平らにする。くわでも手でもよい。つぶさないようにふんわりとならすこと。最後に木枠を上から押して、下部を少しだけ地面に埋める。

枠の外側もきれいに

はみ出した土は中に戻して、木枠の周りをきれいにする。木枠と地面の隙間を埋めるようにすると、花壇の中の土が流れてしまうのを抑える効果も。

花壇の完成

ガーデンの土台となる花壇が完成。土は風に吹かれたり、水を吸収してへこんだりと徐々に減っていくので、様子を見ながら培養土や赤玉土を追加する。

＼ それでは、植物を植えていきましょう！ ／

ポタジェガーデン

植え付けて1〜2か月から収穫ができる“食べられる”ガーデンです。

用意するもの

種と苗

- グリーンマスタード（種）……1袋（P.61）
- ルッコラ（種）……1袋（P.61）
- イタリアンパセリ（苗）……2株（P.62）
- カレンデュラ（苗）……3株（P.58）

花壇用

- 木材（長さ190×幅8.5×厚さ3.5㎝）……2本
- 木材（長さ90×幅8.5×厚さ3.5㎝）……2本
- ビス……8本

＊ビスの長さは取り付け物の厚さ＋2㎝が基準。

g

種をまく・苗を植える

花壇が完成したらいよいよ、一番楽しみな種まき&苗植えです。

1

種と苗を用意する

種は種屋さん、苗は苗屋さんで買うのがおすすめ。種の袋に「発芽率」が記載されていれば数字の大きいもの、苗は茎が太く丈夫なものを選んで。

2

すじをつける

種をまく場所に指で線を引いてすじをつける。深さは人さし指の第1関節までが土に埋まる程度。今回は木枠の対角線を結ぶようにして、2本入れた。

3

すじまきをする

親指と人さし指で種をつまみ、すじのへこみに沿って種をまく。この時、種ができるだけ重ならないようにすること。1cmに3〜4粒を目安に。

4

土をかける

すじまきをした上からごく薄く土をかけてそっとならす。デリケートな作業のため、手でやさしく行うこと。ふるいを使って上から土をかけるのでも可。

5

苗の根をほぐす

苗をポットから取り出したら、固まっている根を土ごと手のひらで包み込むようにしてやさしくほぐす。根が伸びやすくなるために欠かせないひと手間。

6

土に植える

移植ごてで土を掘り、根をほぐした苗をポットに入っていた土ごと植える。この時、穴を若干深めに掘っておくと苗を置いた時に安定しやすい。

根が曲がっている場合、葉の向きを優先して地面に垂直に

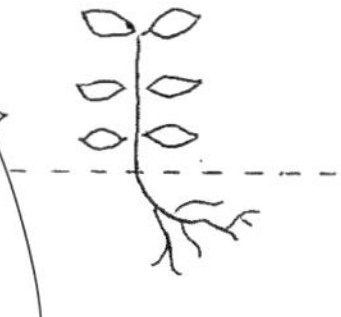

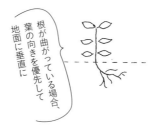

7

土をかぶせる

苗の根元に土をかぶせ、手で上から押して茎がぐらぐらしないように安定させる。土がへこむようだと強すぎるので、表面が固まって動かない程度に。

8

水をやる

たっぷりとやさしく水やりをする。苗は根元にかけるイメージ。水の勢いが強すぎると種が流れたり、泥はねを起こしたりするので注意すること。

ガーデンの完成

植えたばかりの時期は毎日しっかりと水やりをするのが重要。気温が高くなる春・夏の日中は避け、朝か夕方の涼しい時間帯に行うのがおすすめ。

h 日々のガーデン作業

植え終わった翌日からは水やりをしながら様子を見て、気づいたら雑草を抜きましょう。育ってきたら行う「切り戻し」「間引き」は、うれしい最初の「収穫」でもあります。

種まきから 1か月後

カレンデュラが最初の開花を終えたら、伸びた花茎を葉の上でカットする「切り戻し」を。これによって長く、たくさん花を咲かせることができる。すじまきしたルッコラとグリーンマスタードは間隔が詰まって生えてくるので、小さな芽は適宜「間引き」して。

ガーデン作業の基本用語

間引き 種まきで育てる場合に必要な作業。新芽が密集して生えたら、生育がよいものを残して小さい芽を摘むことで、残りを大きく育てられる。

摘芯 先端の芽をカットすること。葉の付け根から脇芽が出て枝分かれし、ボリュームのある株になる。

切り戻し 花が咲き終わったら花茎を切ること。栄養が新しい花のために使われ、たくさん咲かせられる。株を元気に保つため、全体をコンパクトに切り詰めることことも指す。

剪定 間延びした枝を切るなど、樹形を整えるために行う。植物は蒸れに弱いため、風通しをよくする目的も。

さらに3週間後

ルッコラとグリーンマスタードが生長して本葉が出てきた。引き続き小さな新芽を間引きして、元気な葉をもっと大きく育てる。カレンデュラは「摘芯」することで脇芽が増え、株が大きくなる。

さらに3週間後

カレンデュラの花も咲き続け、ルッコラとグリーンマスタード、イタリアンパセリは収穫の最盛期を迎える。ここまで大きくなったら、水やりは土が乾いたらでOK。

さらに3週間後

ルッコラの花が咲く。この花も食べられるが、花が咲くと葉の方はだんだんかたくなってくるので、やわらかいものを選んで外側の葉から食べるとよい。木枠の外に出たイタリアンパセリの葉は放置せず、地面につく前に収穫すること。花壇にボリュームが出る時期なので観賞するだけでも楽しい。

i ハーブを楽しむ

さあ、採れたての新鮮なハーブを楽しみましょう。

ハーブは体にとっていい効能がたくさんあります。

楽しみ方—1

間引き菜のサラダ

種まきから1か月程度の間に間引きした葉のことを、間引き菜もしくはベビーリーフと呼びます。

この時期の葉はとてもやわらかく繊細で、香りもほのかなやさしい味わい。

この採れたての葉でぜひ作ってほしいのがサラダです。

材料

- 間引き菜（ルッコラ、グリーンマスタード）、イタリアンパセリ……各適量
- カレンデュラの花びら……適量
- 塩、オリーブオイル、レモン汁……各適量

作り方

1 収穫したハーブをやさしく洗う。流水に直接触れると傷むので、水を張ったボウルに根をつけ軽く揺らして土を流し、葉と花びらは霧吹きで湿らせて、ペーパータオルで水気を取る。

2 間引き菜とイタリアンパセリを皿に盛り、花びらをほぐして上から散らす。

3 塩、オリーブオイル、好みでレモン汁をかける。

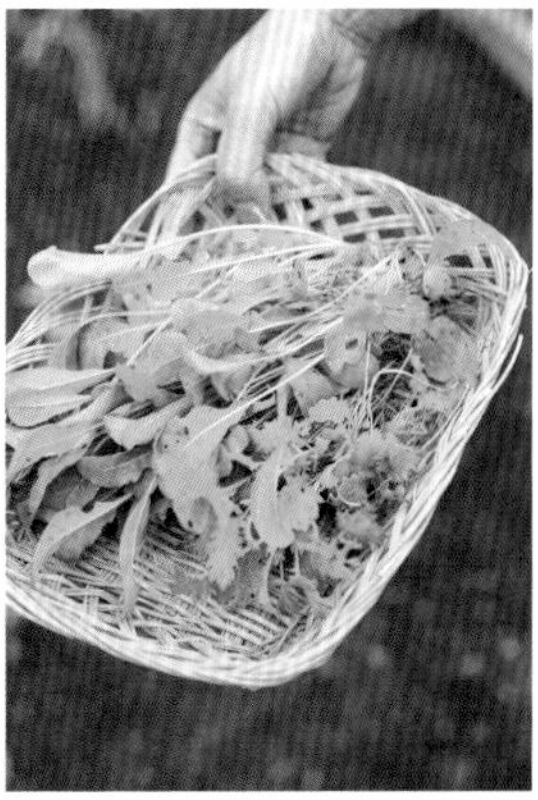

楽しみ方—2

カレンデュラオイル

食用花としても知られる
カレンデュラには抗酸化作用がたっぷり。
肌荒れを防いだり
角質の新陳代謝を整える働きがあります。
マッサージオイルとしてどうぞ。

材料

- カレンデュラの花……5〜10個
- マカデミアナッツオイル……120mℓ
- ガーゼ……適量
- 密封できるガラスびん……1個
- 密封できる遮光びん……1個（100mℓサイズ）

作り方

1

花びらを取る

がくから花びらを手でむしって取り、1枚ずつバラバラにする。

2

オイルを注ぐ

ガラスびんに8割程度花びらを入れ、ひたひたまでオイルを注ぐ。オイルはスイートアーモンドオイルやホホバオイルもおすすめ。

3

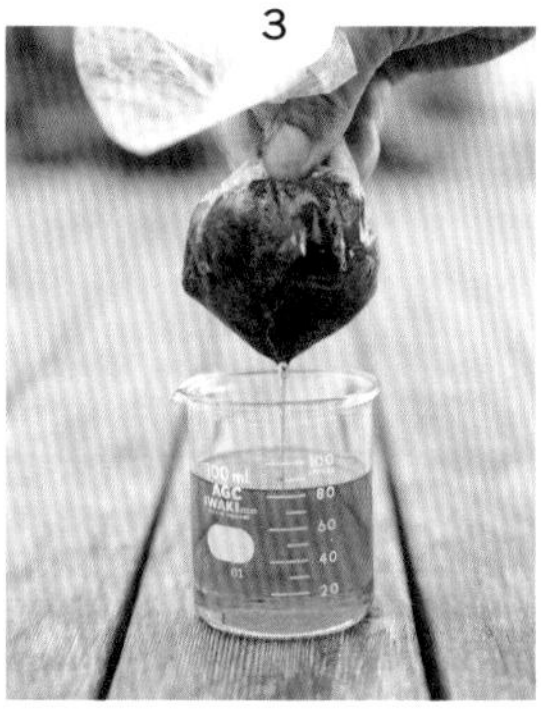

液体をこす

日に1〜2度びんを振って中身をよく混ぜ、2〜3週間つけ込む。その間、蓋は開けない。ガーゼなどに包んで液体をこし、しぼる。

4

遮光びんに入れる

遮光びんに入れ、日の当たらない冷暗所で保管する。完成から3か月以内を目安に使い切ること。顔と全身のスキンケアに使える。

ドライのカレンデュラを使う場合

フレッシュは花びらだけを使いますが、ドライではがくを含めた丸ごとを使います。自宅でドライのカレンデュラを作るなら、ザルや網に花を重ならないように並べ、乾燥した場所に置いて1〜2週間しっかり乾燥させましょう。フレッシュよりもドライの方が水分が少ないため、カビの発生が抑えられます。

2

Garden idea

ハーブガーデンのアイディア

チェスガーデン

Chess garden

チェス盤のように仕立てた正方形のガーデンに植えたのは、すべてお茶にして飲むことができる6種のハーブ。日常的にハーブティーを楽しみたい方向けのオーソドックスな組み合わせです。ミントやカモミールは単体でも香りのいいハーブティーになりますし、数種を組み合わせてオリジナルブレンドを作っても。ステビアを入れると自然な甘みが加わります。

花壇の素材にはレンガ張りシートを使用。薄いレンガを裏側でつなぎ合わせて1枚のシート状にしているので、軽くて女性でも扱いやすく、土の上に置くだけなので作業も簡単です。

最初に植えたカモミールの収穫が終わって花が枯れたら、種を地面にまいて残し、その後はバタフライピーを育てて二期作を楽しみましょう。バタフライピーの花はきれいな青色のお茶になります。

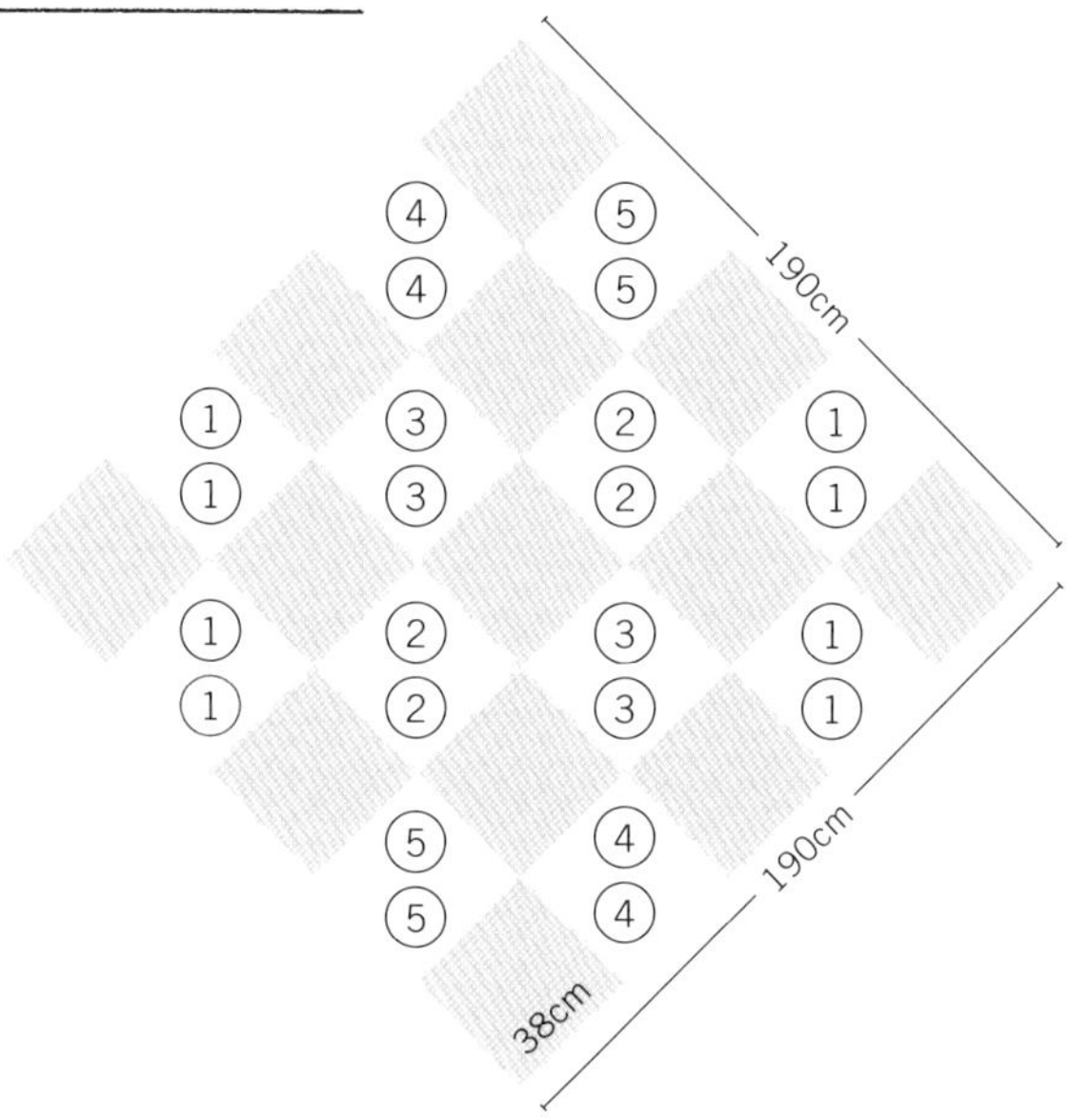

用意するもの

苗

①ジャーマンカモミール……8株（P.58）

バタフライピー……4株（P.62）

＊カモミールが枯れた後に植え替え。バタフライピーは1株ずつ4か所に植える

②スペアミント……4株（P.63）

③レモンバーム……4株（P.65）

④コモンタイム……4株（P.76）

⑤ステビア……4株（P.65）

花壇用

レンガ張りシート（38×38㎝）……13枚

支柱（1.4m）……4本〜

対称に植える

苗を植える位置に迷ったら、対称（シンメトリー）がおすすめ。これはデザインに一定の秩序を作り出す技法で、左右、上下などの向かい合う場所に同一の植物を植えればOK。どこから眺めても心地よくさまになる。

Garden Data

主な目的｜ハーブティー

植え付けの時期｜3〜4月

植え替え｜必要

スタイル｜多方見

ガーデンのポイント

植物ごとに部屋を作る

レンガ張りシートを市松模様になるように置き、地面を区分け。ひとつの部屋に同じ種類の苗を2株ずつ（バタフライピーのみ1株）植えることで、育つ場所を限定し、ハーブの広がりすぎを防ぐ。シートの上を歩けるので世話もしやすい。

4月～

カモミールを剪定する

カモミールは草丈15cm程度のころに一度茎を切ると、そこから脇芽が出て花数を増やせる。さらに伸びてくると花の重みで倒れることがあるので、その場合は思い切って花を含む上部をバッサリとカットするとピンと立ち上がる。花は適宜収穫して、ハーブティーで楽しむとよい。

5月～

その他の植物を剪定する

右／ステビアは伸びてきたら上部を適宜カットする。 中央・左／レモンバームは生育旺盛で、夏に向かってどんどん葉が茂ってくる。長く伸びすぎた茎は根元からカット。外側の茂った葉も適宜カットして、全体をこんもりと丸いラインに整える。

〜6月 カモミールが枯れたら

カモミールは一年草なので、夏には枯れてしまう。花の収穫のメインは4〜5月だが、その後に咲いた花はそのまま残しておいて枯れさせると、こぼれ種による来春の発芽を期待できる。枯れた茎を根こそぎ抜いて花の部分を地面に向け、種を落とすように振るとよい。

6月〜 バタフライピーを植える

バタフライピーはつる性なので、支柱に絡まりながら上に伸びていく。

カモミールを抜いた後の空いたスペースにバタフライピーの苗を植え、1.4m程度の支柱を立てる。大きく育つので、1マスに1苗で十分。バタフライピーも一年草なので、収穫後に枯れたら抜き、翌春のカモミールの芽吹きを待つ。

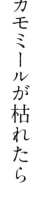

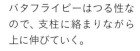

バタフライピーは開花したら収穫し、ドライにしておく。カレンデュラ(p.20)と同様に乾燥させて、ハーブティーに。

カモミールとバタフライピー以外は多年草のため、冬場も枯れずに地面に残り、春になると新芽が出てきて再び大きくなる。

右／ステビアは小花が咲き始めた。 左／バタフライピーを植えてから3か月後。上部が重くなるので支柱を追加。

楽しみ方―1

カモミールティー

眠れない時や気持ちを落ち着けたい時、
ストレス性の腹痛などにもおすすめのカモミール。
カップに花が咲いたような
かわいらしさにも癒やされます。

材料と作り方

1 ジャーマンカモミールの花を摘み、20～30個を用意する。花をぬるま湯につけてやさしく洗い、軽く水気を取る。

2 ポットにカモミールの花を入れて湯200mℓを注ぎ、蓋をして1分30秒程度蒸らす。

指の間に茎を挟んで引っ張ると、簡単に収穫できる。

花を飾って楽しむ

あっちを向いたり、こっちを向いたり。自由に育ったカモミールは、そのままの形で生けてあげるとユーモラスで楽しげなグリーンインテリアに。

楽しみ方―2

たっぷりミントティー

スーッとさわやかな
清涼感が魅力のミント。
リラックス効果のほか、
新陳代謝を高める
デトックス効果も期待できます。
お風呂に入れても◎。

材料と作り方

1 スペアミントの葉はやわらかい上の方の葉を摘み、15g程度用意する。水で洗って軽く水気を取る。

2 ポットにミントを入れて湯200mlを注ぎ、蓋をして1分30秒程度蒸らす。

＊一般的なレシピでは200mlの湯に対して5gのミント、蒸らしは3分程度になっていることが多いが、今回はたっぷりのハーブを短時間で淹れる飲み方を提案。蒸らす時に葉が湯から出ていると酸化して黒く変色してしまうので、湯を注いだらすぐにミントを上から押して湯に沈めるのがポイント。

ミントゼリーもおすすめ

熱いミントティーに砂糖とゼラチンを入れて溶かし、型に流して冷やし固めるとさわやかなゼリーになる。レモン汁を入れてもおいしい。盛り付けにはフレッシュミントを添えて。

楽しみ方―3

バタフライピーと豆乳の2色ドリンク

「青いお茶」が楽しめると
人気急上昇中のバタフライピー。
マメ科の植物なので豆乳と合わせて、
豆×豆のヘルシーな
トロピカルドリンクを作りました。

材料と作り方

1 ポットにバタフライピーの花（ドライ）5個を入れて湯200mlを注ぎ、蓋をして1分30秒程度蒸らす。グラスに入れて粗熱を取り、冷蔵庫で冷やす。

2 豆乳200mlにはちみつ適量を入れて好みの甘さに調節する。

3 グラスに氷を入れて7分目程度まで**2**の豆乳を注ぎ、その上に**1**をそっと注ぎ入れて層を作る。

トライアングルガーデン

Triangle garden

ガーデニング初心者におすすめしたい、作りやすく失敗の少ないガーデンです。二方向が壁や柵になっている場所を生かして一辺だけにレンガを並べるので、複雑な作業はなし。また瓦チップを敷くことで雑草が生えるのを防ぐため、草取りなどの日常的なお手入れも簡単です。

　ハーブはレモン系の香りを集めたさわやかなラインナップ。葉をお茶としておいしく飲むためには、花を咲かせる前のやわらかな若葉を摘むのがポイントです。少しずつ収穫しながらハーブティーを味わってみて。一度にたくさん採れたら、ざっと洗って浴槽に入れ、入浴しながら香りを楽しむのもおすすめです。

　いずれも多年草で植え替えの必要がないところもお手軽。冬は地面から出ている部分は枯れてなくなったりしますが、土の中で休眠しながら越冬するので、春になるとまた新芽が出てきて楽しめます。

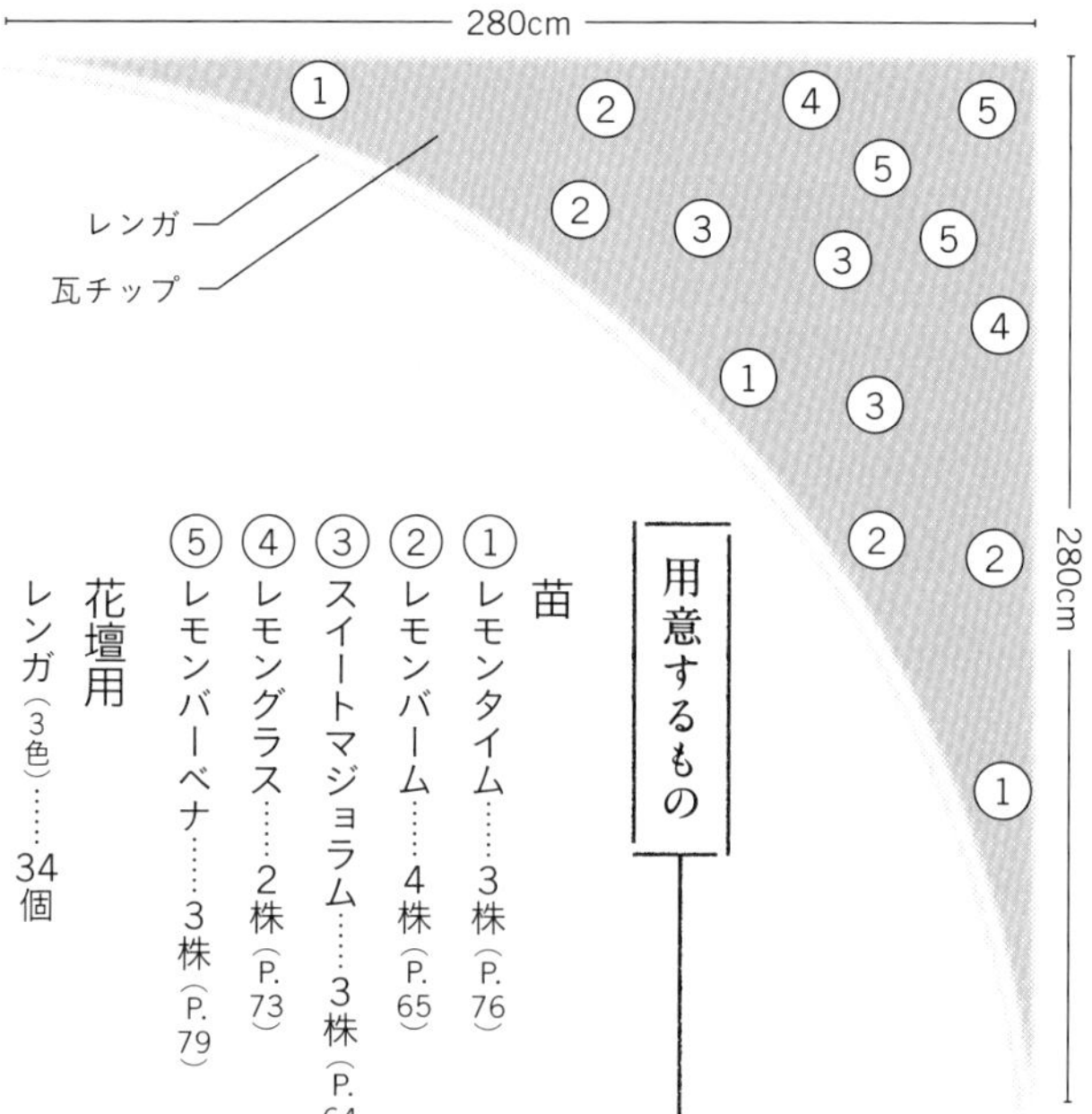

用意するもの

苗
- ①レモンタイム……3株（P.76）
- ②レモンバーム……4株（P.65）
- ③スイートマジョラム……3株（P.64）
- ④レモングラス……2株（P.73）
- ⑤レモンバーベナ……3株（P.79）

花壇用
- レンガ（3色）……34個
- 瓦チップ……4袋（24ℓ）

Garden Data

主な目的｜ハーブティー、料理
植え付けの時期｜3〜6月
植え替え｜不要
スタイル｜一方見

ガーデンのポイント

レンガを斜めに並べる

レンガは少し斜めにして下部を土の中に埋めることで、デザイン性と作業効率を両立。しっかり埋めたり重ねたりするのは時間がかかり、見た目も重厚な仕上がりになるが、小さな庭にはこの手軽なやり方がぴったり。

瓦チップを敷き詰める

土の上に瓦チップを敷き詰めることで、ハーブの緑色がより鮮やかできれいに見える。また雨天時などに泥はねの影響で葉が傷んだり汚れたりするのを防ぐほか、雑草の伸びの抑制、虫よけの役割も果たしている。

6月〜 レモンバームを剪定する

花壇の外に出てしまったレモンバームは、レンガの縁にかかる程度に適宜剪定する。大きく育って伸び切った葉はばっさりカットして、根元に生えてきた小さい新芽を伸ばす。

＼ こんもり ／

≪

＼ スッキリ ／

右上／花壇の手前には低い位置でこんもりと広がるハーブを。 右下／植えた当初は土に敷いた瓦チップが目立つが、育ってくるとハーブで埋め尽くされて自然な景色が生まれる。 左／奥に大きく育つレモンバーベナとレモングラスを植え、高低差をつけるのがポイント。

楽しみ方―1

ハーブウォーター

食事中のお水代わりや、
夏の暑い日のリフレッシュドリンクに。
さわやかなレモンバーベナとレモンの組み合わせのほか、
好みのハーブでお試しを。

材料と作り方

1 レモンバーベナは先端のやわらかい葉を茎ごと摘み、洗って軽く水気を取る。水1ℓに対してレモンバーベナは5g程度。

2 レモン1/2個を薄くスライスする。

3 **1**をボトルに入れて水を注ぎ、**2**を加える。

4 フレーバーウォーターとしてほのかな香りを楽しむなら1〜2時間、ハーブウォーターとしてじっくり抽出して味わうならひと晩おく。

収穫する時は上部のやわらかい葉の部分をカットする。カットしたところから脇芽が出て、株が大きく育っていく。

楽しみ方―2

ブレンドハーブティー

フレッシュハーブで作る
ハーブティーは、
たっぷりの量を使い、
蒸らし時間を短くするのがコツ。
自家栽培だからできる贅沢です。

写真は左から時計回りにレモングラス、レモンタイム、レモンバーベナ、スイートマジョラム、レモンバーム。

材料と作り方

1 好みのハーブを摘み（合わせて15g程度）、洗って軽く水気を取る。

2 ポットに**1**を入れて湯200㎖を注ぎ、蓋をして1分30秒程度蒸らす。

＊このガーデンの植物はレモン系の香りのハーブがメイン。どの組み合わせでもさわやかなレモンフレーバーを感じられるので、好みの配合を見つけてみては。

こちらもおすすめ

レモングラスティー

レモングラスの葉をハサミで2〜3cmの長さに切ってお湯を注げば、香りのいいハーブティーに。細かく切ると香りが出やすい。

楽しみ方―3

ドライハーブ

スープや煮込みに入れたり、
パンやクッキーに練り込んだり、
オイルマリネや下味の塩こしょうと一緒に使ったり。
ドライハーブを作っておけば、
一年中ハーブの香りが楽しめます。

おいしい食べ方

ローズマリークッキー

ドライのローズマリーを刻んで生地に混ぜたクッキー。ほかにミントやセージなどもおすすめ。

材料と作り方

1 ハーブ（タイム、オレガノ、ローズマリー、レモングラス）を摘み、洗ってよく水気を取る。

2 カゴやザルなどに重ならないように並べ、乾燥した場所に置いて1〜2週間しっかり乾燥させる。

3 タイム、オレガノ、ローズマリーは葉を茎から外して細かくほぐし（茎は使用しない）、レモングラスはハサミで2〜3cm幅に切る。

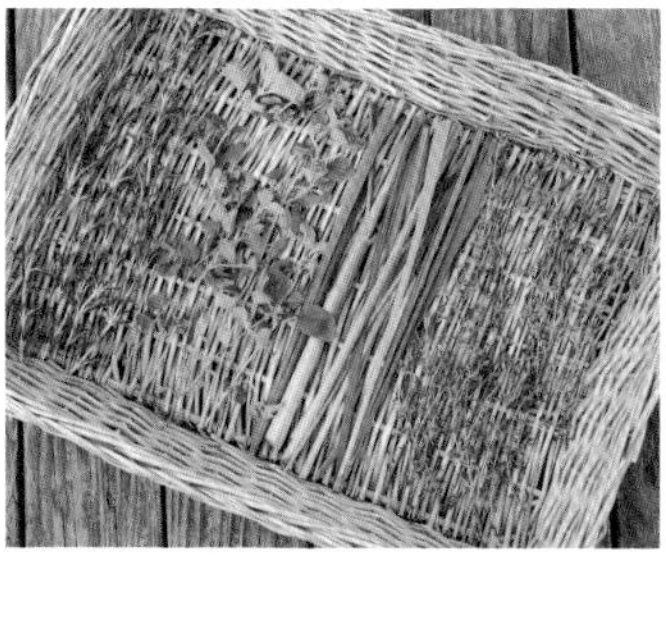

保存する時の注意

煮沸消毒したガラス製の密封びんに乾燥剤を入れて保存。保存期間の目安は1年。

P.28のガーデンのハーブとは異なるが、ここではドライにおすすめの品種を紹介。レモングラスは繊維が強いので、ハーブティーや料理の香り付けに使うとよい。

Spiral garden

スパイラルガーデン

狭いスペースにできるだけたくさんの種類のハーブを植えたい！という人のためのガーデン。「フリーデザインエッジ」という園芸ツールを使ってスパイラル状に枠を作り、土地の有効活用と見た目のおもしろさを同時に叶えました。四方どこから見ても絵になるので、庭の中央に作るのがおすすめです。

ハーブは料理やお菓子作りにぴったりのおいしいものをセレクト。イタリアンパセリ、チャイブ、チャービル、ミント、バジル、ディル、フェンネルは、新芽を残しながら随時摘み取り、生でサラダに使ってみてください。ローズマリーやタイム、セージは煮込み料理をぐんとおいしくします。

一年草と多年草が混ざっているので、翌年以降は新たな種類を試すなどのアレンジがしやすいのも楽しい。あなたの食卓にぴったりのガーデンに育ててみましょう。

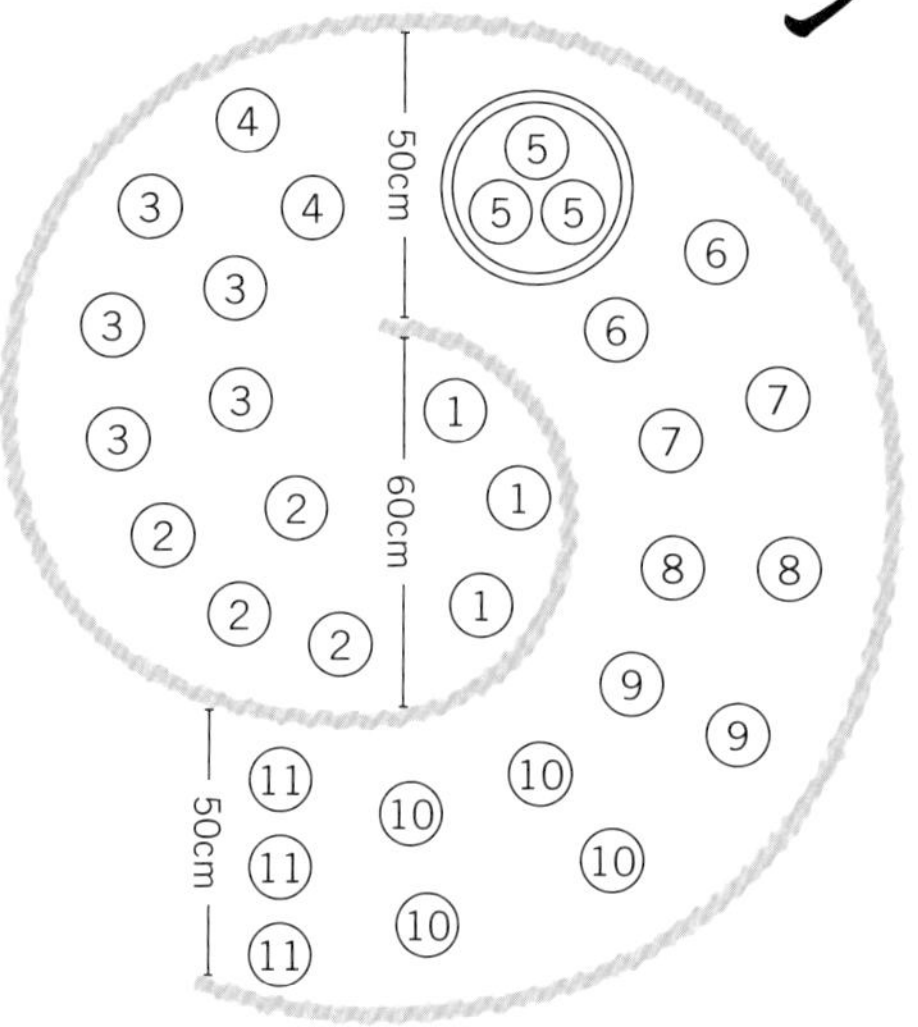

用意するもの

苗
- ①ローズマリー プロストレイト……3株（P.75）
- ②イタリアンパセリ……4株（P.62）
- ③チャイブ……5株（P.66）
- ④チャービル……2株（P.60）
- ⑤ペパーミント……鉢植え3株（P.63）
- ⑥ホーリーバジル……2株（P.59）
- ⑦スイートバジル……2株（P.59）
- ⑧ディル……2株（P.60）
- ⑨スイートフェンネル……2株（P.66）
- ⑩コモンタイム……4株（P.76）
- ⑪コモンセージ……3株（P.74）

花壇用
- フリーデザインエッジ（13・5㎝幅／ピン付属）……1セット

Garden Data

主な目的｜料理
植え付けの時期｜3〜6月
植え替え｜必要
スタイル｜多方見

立体的な形を作る

ガーデンに高低差をつけると、平らな場所に作るよりもそれぞれの植物が見やすくなり、ほどよく高さも出るので作業がしやすい。円形のガーデンで四方どこからでも見ることができ、角度によって見え方が変わるのもポイント。

ガーデンのポイント

らせん状に枠を作る

樹脂木材製のフリーデザインエッジは、地面に埋めて自由に枠の形が作れる道具。ガーデンを作りたい場所に土の山を作り、中心にフリーデザインエッジの端を置いてらせん状に埋めて固定する。枠を作ることで根が広がらない効果も。

上／バジルとチャービル、ディルは一年草で、翌春は新しく種や苗を植える必要があるが、それ以外は多年草なので翌年もそのまま育てられる。　右下／背が高くなるセージは花壇の端に並べて「留め」の役割を。　中央下／ミントは繁殖力が高いので、広がりすぎないように鉢植えにして花壇に置くとよい。　左下／ローズマリーは、這うタイプのプロストレイトという品種。

楽しみ方—1

ハーブオイル

オリーブオイルにハーブとスパイスの
おいしい香りを閉じ込めました。
後がけの香味オイルのほか、
サラダのドレッシングやパスタのソースにおすすめです。

材料（作りやすい分量）

- セージ……1枚
- ローズマリー……1枚
- ローリエ……1枚
- 赤唐辛子……1本
- 黒こしょう（粒）……小さじ1
- コリアンダーシード……小さじ1
- オリーブオイル……180mℓ

＊ハーブはディル、タイム、フェンネルでも可。

作り方

1 煮沸消毒した蓋付きのびんに赤唐辛子、黒こしょう、コリアンダーシードを入れる。にんにくを入れてもおいしい。

2 **1**に洗って水気をよく取ったセージ、ローズマリー、ローリエを入れ、オリーブオイルを注ぐ。

楽しみ方—2

ハーブビネガー

すっきりとした酸味の白ワインビネガーに
ハーブで香りをつけました。
ドレッシングのほか、酢を使う料理に幅広く使えます。

材料（作りやすい分量）

- タイム……3本
- フェンネル……1本
- 白こしょう（粒）……小さじ1
- マスタードシード……小さじ1
- 白ワインビネガー……180mℓ

＊ハーブはローズマリー、セージ、バジルでも可。

作り方

1 煮沸消毒した蓋付きのびんに白こしょう、マスタードシードを入れる。

2 **1**に洗って水気をよく取ったタイム、フェンネルを入れ、白ワインビネガーを注ぐ。

＊ハーブはしっかり水気を取ること。水分が混ざると変色やカビの原因になりやすいので注意。入れる順番はスパイス→ハーブ→オイル（またはビネガー）。オイル（ビネガー）の量が減ってハーブが空気に触れると酸化して変色するため、減ったら注ぎ足してハーブがしっかりひたるようにする。2〜3週間後にはしっかり香りが移るので、中のハーブは取り出してよい。保存期間は1か月。

楽しみ方―3

ハーブバター

まろやかなバターにハーブの香りを詰め込みました。
焼いたバゲットに、蒸したじゃがいもに、
ソテーした白身魚に、たっぷりとどうぞ。

材料（作りやすい分量）

- ハーブ（イタリアンパセリ、ディル、チャイブ）……合わせて30g
- バター（有塩）……200g
- レモン汁……1/4個分
- 白こしょう（粉）……1g
- にんにく（すりおろす）……1g

a

b

作り方

1 バターはボウルに入れて室温に戻し、やわらかくしておく。ハーブは洗って水気をよく取り、細かく刻む。

2 バターを泡立て器で混ぜてなめらかなクリーム状にし(a)、刻んだハーブ、レモン汁、白こしょう、にんにくを加えてよく混ぜる(b)。

3 ココット型に入れ、冷蔵庫で冷やし固める。

＊チャイブは薄紫色の花の部分も使うと仕上がりがカラフルになる。

冷凍保存しても

長期保存したい場合はラップに包んで棒状に成形し、端をひねった状態で冷凍庫へ。固まったら必要な分だけスライスして使う。

おいしい食べ方

ハーブバタートースト

ハーブバターをバゲットに塗って焼くだけ。お好みのハーブで作っても。

楽しみ方―4

ハーブソルト

ハーブと岩塩を混ぜたスペシャルソルト。
肉や魚に下味をつけたり、
完成した料理にふりかけたりと、
これさえあれば手軽に
ハーブ料理を楽しめます。

おいしい食べ方

チキンのハーブソテー

ハーブソルト、オリーブオイル、にんにくでマリネした鶏もも肉をフライパンでじっくりソテー。弱火で皮目から焼くのが、パリッとおいしく焼き上げるコツ。

材料（作りやすい分量）

- ハーブ（ローズマリー、タイム）……合わせて5g
- 岩塩……10g

作り方

1 ハーブは洗って水気をよく取り、葉を茎から外して細かく刻む（茎は使用しない）。

2 1をすり鉢に入れ、すりこ木でさらに細かくする。岩塩を加えて混ぜる。

＊ハーブをすり鉢であたる時は、押しつぶしてしまうと中から水分が出てくるので注意。力を入れずに何度もすることで繊維がつぶれずに細かくできる。塩は精製されていない結晶のあるもの（フルール・ド・セルなど）がおすすめ。

保存する時の注意

煮沸消毒したガラス製の蓋付きびんに入れて冷蔵庫で保存する。保存期間の目安は1週間。ドライハーブで作ってもよい。

虫のつきにくいガーデンを作りたい

用意するもの

苗

①ローズゼラニウム……1株（P.78）
②ペパーミント……2株（P.63）
③ラベンダー グロッソ……1株（P.77）
④クリーピングタイム……6株（P.76）

花壇用

木材（長さ75×幅9×厚さ2cm）……2本
木材（長さ60×幅9×厚さ2cm）……2本
ビス（4cm）……8本
＊P.16を参考にビスで留めて木枠を作る。

別名「ずぼらガーデン」と呼びたくなるほど、お世話いらずのガーデンです。とにかく手入れが簡単で虫もつきにくく、虫嫌いの人にもおすすめ。虫が寄りつきにくい種類のハーブだけを選んで集めているので、玄関脇や窓のそばに作れば虫よけ効果も期待できます。

春にはローズゼラニウムやタイム、初夏にラベンダーやミントの花が咲き、明るくやわらかな色調で彩られます。すべて多年草の植物なので植えっぱなしでOK。剪定した枝を室内に飾れば、グリーンインテリアを兼ねた虫よけに。

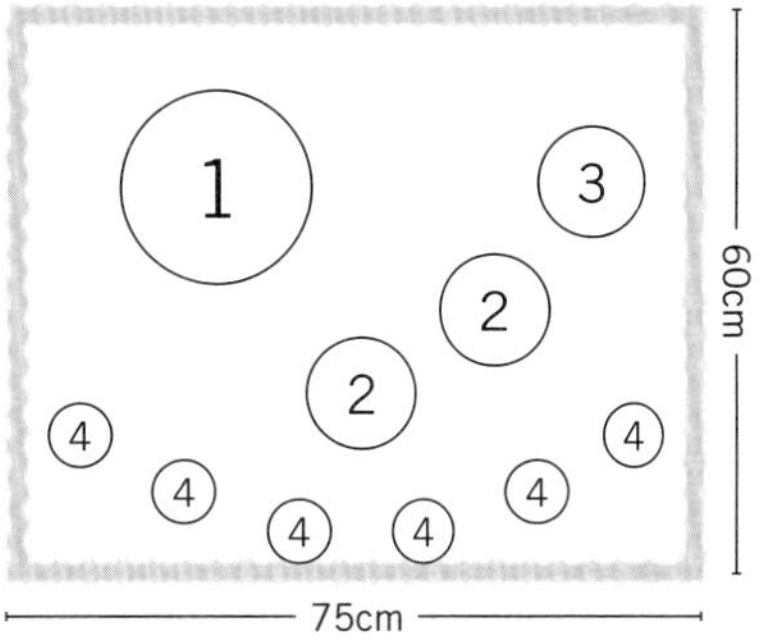

右／ローズゼラニウムは寒さに弱いので、越冬の際は株元まで剪定して赤玉土やチップ、藁などをかぶせて保温すると、翌春も楽しめる。 左／剪定のコツは、葉と葉が密集しすぎないように通気性をよくすること。

Garden Data

主な目的｜ハーブティー、料理
植え付けの時期｜3〜5月
植え替え｜不要
スタイル｜一方見

フラワーガーデン

Flower garden

赤、ピンク、白、黄色、紫。季節ごとに色とりどりのハーブの花を楽しめるガーデンです。ハーブというと香りのいい緑の葉を連想しがちですが、こんな可憐な花を咲かせるものもたくさんあります。

観賞が一番の目的なので、人目につきやすい玄関アプローチの通路の両サイドに作りました。入り口手前側には背の低いハーブを、奥に行くほど背が高くなるハーブを植えると、複数の植物を同時に眺めながら進んで行けます。

植え付けは通常、春がおすすめですが、このガーデンはチャンスが年に2回。夏の暑さが和らいだ秋口にも植えることができます。

植物はすべて多年草なので、時間の経過とともに充実したガーデンになります。最初の1年は生長がゆっくりで花数も少ないかもしれませんが、2年目以降の生長を楽しみに手入れを続けてください。

用意するもの

苗

①クリーピングタイム……4株（P.72）
②チェリーセージ……2株（P.72）
③コモンヤロウ……4株（P.67）
④パイナップルミント……2株（P.63）
⑤ヘメロカリス……2株（P.73）
⑥オックスアイデイジー……8株（P.71）
⑦メキシカンブッシュセージ……2株（P.72）
⑧オレガノ……2株（P.64）
⑨ベルガモット……6株（P.70）
⑩ルー……2株（P.70）
⑪エキナセア……6株（P.68）

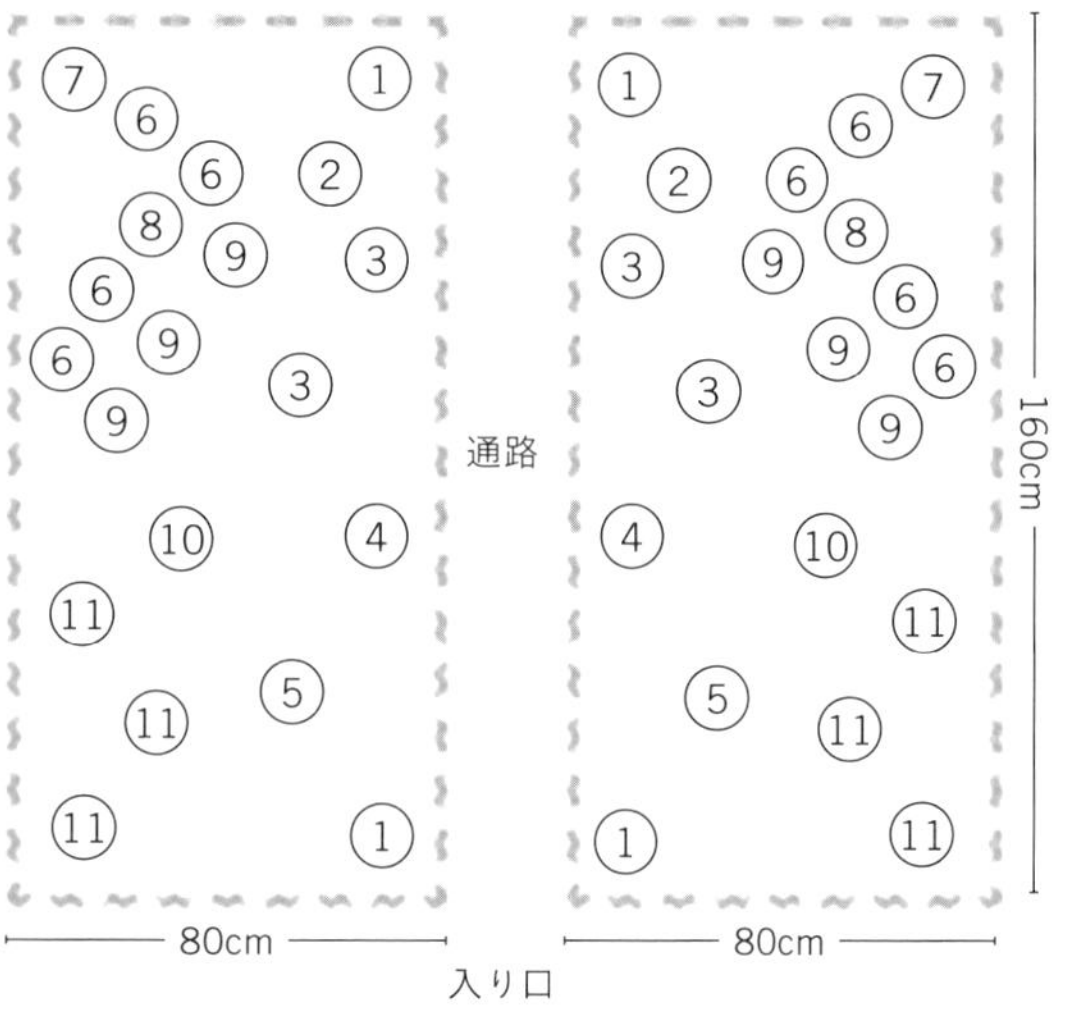

Garden Data

主な目的｜観賞用
植え付けの時期｜3〜6月／9〜11月
植え替え｜不要
スタイル｜一方見

左右対称に植える

ガーデンのレイアウトに迷ったら左右対称（シンメトリー）を選べば失敗なし。両側に同じ植物を植えるだけなので初心者でも試しやすくおすすめ。庭に花の小道があると心が癒やされる。

ガーデンのポイント

入り口側に這う植物を

アプローチの手前に這うタイプのハーブを植えて心地よい開放感を。入り口手前側を一番低く、玄関に向かって徐々に高くなるように植物を配置し、剪定も左右のボリュームを合わせるイメージで行う。

春から秋まで何かしらの花が咲き、季節の移り変わりを楽しめるガーデン。すべて多年草のため植え替えが不要で、年々、株が生長してこんもりとしたガーデンになっていく。

右／長く育てるうちに、多種類の植物が混在して自然な景観ができ上がる。 中央／チェリーセージとメキシカンブッシュセージは高さが出るので、一番奥側に植える。メキシカンブッシュセージは根がしっかり張るまでは支柱を立ててもよい。その場合はひもをゆるく結んで余裕をもたせること。 左／エキナセアとベルガモットは花が大きく存在感がある。通路から見て後方側に並べて、次々と咲く様子を眺めるのが楽しい。

花のカタログ

Flower catalog

本書で紹介するハーブには、可憐な花を咲かせるものがたくさんあります。
小さいながらもハッとするような存在感と美しさ。
お茶や料理で葉を楽しんだら、花は観賞やクラフトにどうぞ。

センテッドゼラニウム

エキナセア

ペパーミント

オレガノ

スイートバジル

コモンセージ

ラベンダーセージ

バタフライピー

メキシカンブッシュセージ

チェリーセージ

ローズマリー

ラムズイヤー

楽しみ方—1

タッジーマッジー〈小さなハーブのブーケ〉

フレッシュハーブと花で作る香りのよい花束。
中世ヨーロッパではお守りとして持ち歩いていたのだそう。
大切な人に贈ってみては。

材料

- 花（エキナセア、チェリーセージ、オレガノ、ベルガモット）……適量
- 葉（ルー、パイナップルミント、メキシカンブッシュセージ）……適量
- 輪ゴム……1個
- ラッピングペーパー……40cm四方1枚
- 透明セロファン……40cm四方1枚
- ペーパータオル……適量
- 麻ひも……適量

作り方

1 ハーブは茎を長めに残して摘み、水あげをしてピンとさせる。

2 下葉をしごいて取り、中心となるハーブ（ここではエキナセア）を決めて手に取る。

3 **2**を囲むようにしてハーブを束ねていく（a、b）。その際、葉→花→葉→花の順に加えていくとバランスがよくなる。ボリュームのあるもの（ここではメキシカンブッシュセージ）を最後に加えて、全体を丸くこんもりとさせる（c）。茎を10cm程度にそろえて切り、輪ゴムで束ねる。

4 正方形にカットしたラッピングペーパーの上に透明セロファンを写真のようにずらしてのせ（d）、濡らしたペーパータオルで束ねた茎全体を覆う（e）。

5 ブーケを中央に置き、周囲から紙を持ち上げてクシュッと包み（f）、形を整える。

6 紙の上から麻ひもで結ぶ。

シルバーガーデン

Silver garden

葉や茎の色がシルバーやホワイトがかった植物を選んだガーデン。シックな印象で、石やコンクリートとの相性は抜群です。花壇をレンガや木材で作るのではなく、コモンヤロウというハーブを植えて区切りにすることで、植物以外の材料は必要なし。より自然な感じに仕立てられます。

ガーデンの中では、いくつか置いた鉢植えの存在が際立ちます。地植えにするとどんどん増えてしまうローズゼラニウムは、鉢に入れることで大きさを調整できますし、冬場だけ室内に入れて苦手な寒さから守ることもできます。サントリナは生長すると葉が垂れてくるので、鉢植えにして高さを上げることで見栄えがします。

また、きれいなドライフラワーが作れるのも魅力。白、ピンク、紫、黄色の花が咲いた枝葉を室内に吊るして飾ってみてください。

用意するもの

苗

①コモンヤロウ……7株（P.67）
②ローズゼラニウム……鉢植え1株（P.78）
③メキシカンブッシュセージ……1株（P.72）
④ラベンダー……1株（P.77）
⑤コモンセージ……1株（P.74）
⑥サントリナシルバー……鉢植え1株（P.74）
⑦ラムズイヤー……3株（P.69）
⑧カレープラント……1株（P.77）

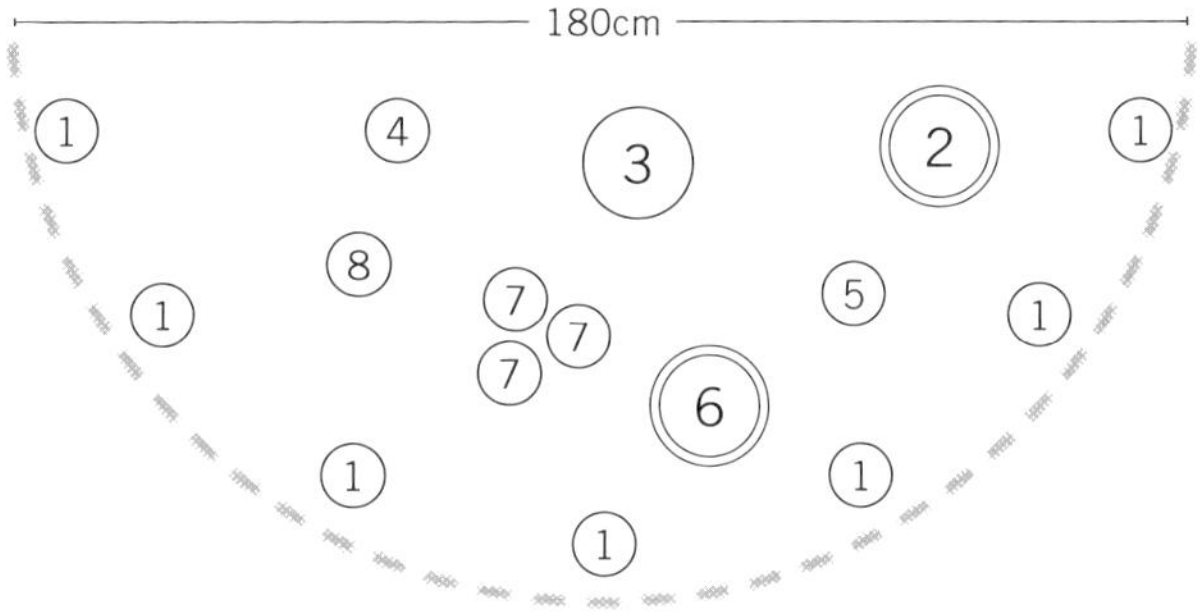

Garden Data

主な目的｜観賞用、ドライフラワー
植え付けの時期｜3〜6月
植え替え｜必要
スタイル｜一方見

植物を花壇の枠にする

花壇の枠に使ったのは、葉が地面を覆うように横に伸びていくコモンヤロウというハーブ。生長するにつれて株と株の隙間がだんだんなくなり、こんもりと茂っていく過程を見るのも楽しい。

大きくなる植物は鉢植えに

鉢植えにするのは、植物が大きくなりすぎないようにコントロールする目的もあり。地面の上に置いたり、地中に埋めたり、ほかの植物の生長に合わせて位置を変えたりと、レイアウトの楽しみ方も広がる。

ガーデンのポイント

コモンヤロウの葉は横に広がるが、夏に近づくにつれ、茎が伸びて白い花を咲かせる。小花が房状に集まった花も美しい。

右／ラムズイヤーは冬に休眠するため、枯れても根を抜かないよう注意。　左／鉢植えと地植えを組み合わせることで、ガーデン全体に動きが生まれる。いずれのハーブも乾燥に強いため、水やりは雨まかせでOK。

上／カレーの香りがする、その名もカレープラント。夏には黄色い花を咲かせる。
下／中央奥には背が高くなるメキシカンブッシュセージを植えて、高低差を出す。

楽しみ方—1

スワッグ〈ドライフラワーのブーケ〉

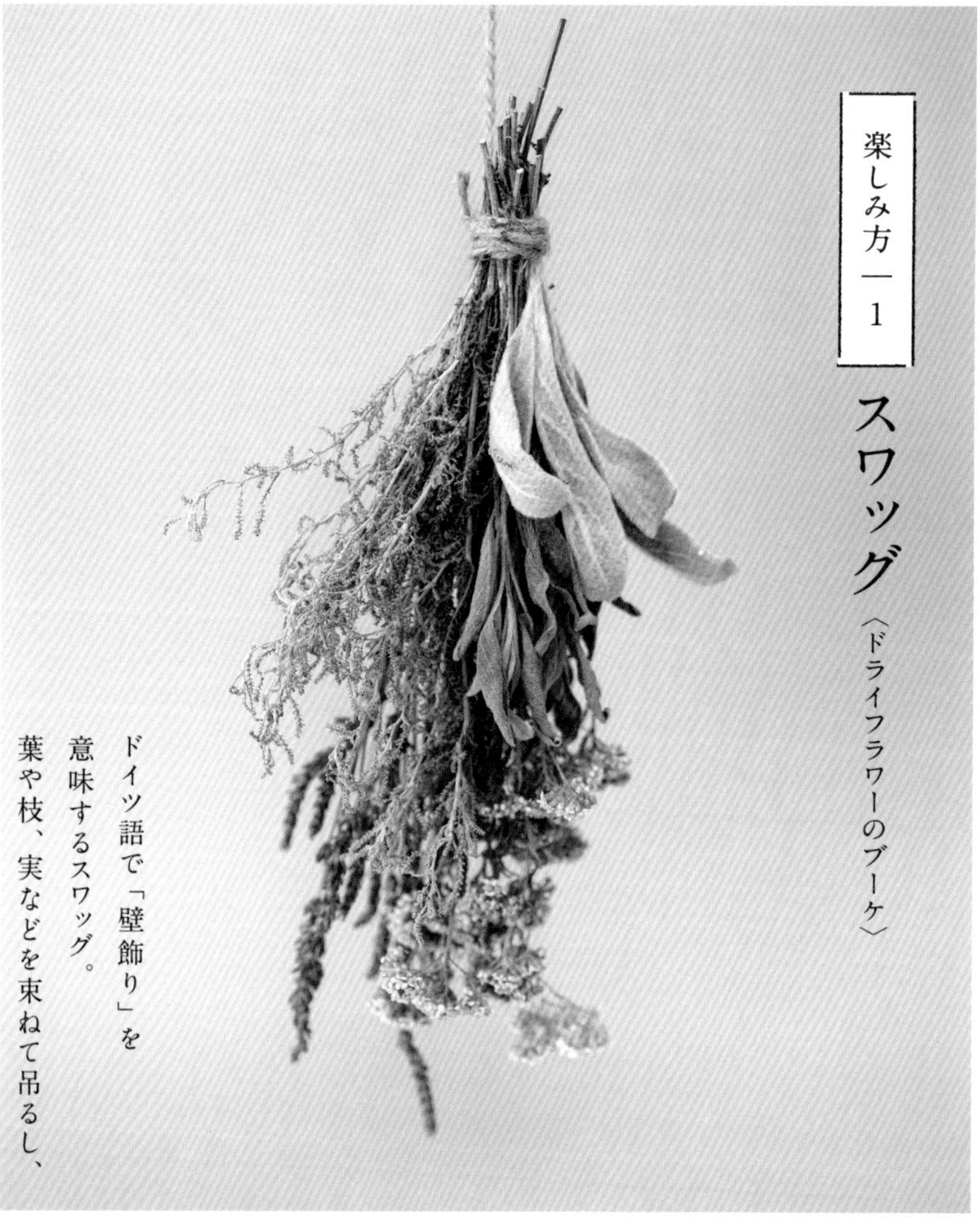

ドイツ語で「壁飾り」を意味するスワッグ。葉や枝、実などを束ねて吊るし、ドライフラワーになっていく過程ごと楽しみましょう。

飾り方

釘や画びょうなどを使って壁に吊り下げる。フレッシュな状態から徐々に乾燥していく変化を観賞しつつ、ドライになってからも引き続き楽しめる。

材料

- ラベンダー、コモンヤロウ、サントリナシルバー、コモンセージ、ラムズイヤー……各適量
- 麻ひも……適量

a

b

c

d

作り方

1 ハーブは茎を長めに残して摘み、水あげをしてピンとさせる。

2 下葉をしごいて取り(a)、台の上にハーブを重ねて置き、仮の形を作る(b、c)。その際、茎が長いものや葉が大きいものを後ろに、細いものや小さいものを手前に置いて隙間を埋めるイメージで作るとやりやすい。また吊るして飾るため、花を下に向けた状態で全体のバランスを取ること。

3 麻ひもで茎をしっかり結ぶ(d)。

*ラベンダーの花の高さはあえてそろえず、自然に散らばるイメージで組み合わせるとバランスがよい。一番上にラムズイヤーを置き、茎を隠すようにするのがポイント。

楽しみ方—2

安眠サシェ

防虫サシェ

細かくしたドライハーブを布袋などに入れ、ほのかな香りを楽しむサシェ。用途に合わせて、枕の下やクローゼットの中に置きましょう。

材料（作りやすい分量）

安眠サシェ（右）

- ラベンダー……10g
- 不織布の袋……1枚
- 布袋（あれば）……1枚

防虫サシェ（左）

- サントリナシルバー……3g
- コモンセージ……3g
- カレープラント……3g
- 不織布の袋……1枚

作り方（安眠サシェと防虫サシェ共通）

1 ハーブを摘み、洗ってよく水気を取る。

2 **1**をカゴやザルなどに重ならないように並べ、乾燥した場所に置いて1～2週間しっかり乾燥させる。

3 **2**を細かくほぐし、不織布の袋に入れる。布で作った袋に入れてもよい。

使い方

ラベンダーの安眠サシェは、香りを楽しみリラックスするために枕の下へ。ドライハーブにラベンダーの精油を垂らしておくと香りが長続きする。防虫サシェは、防虫剤として靴箱やクローゼットの中に。

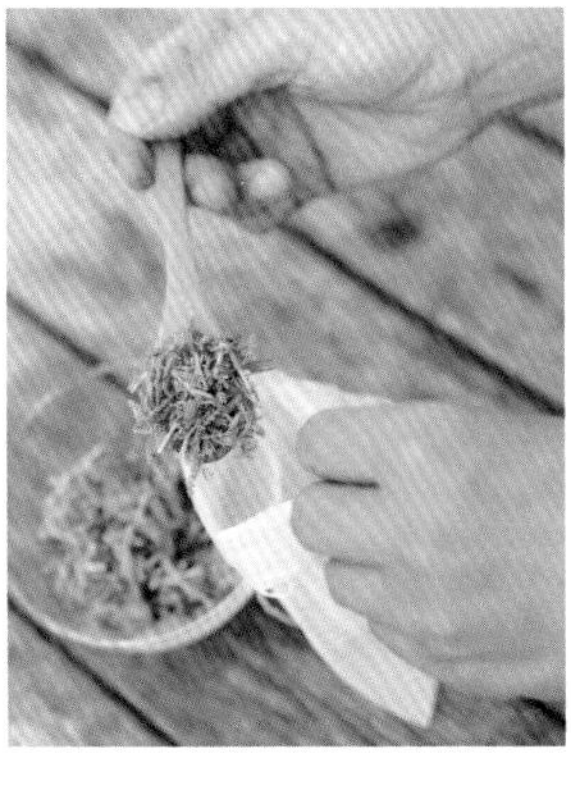

メディカルガーデン

Medical garden

ハーブの力を借りてすこやかに暮らしたい。そんな方にぴったりな「緑の薬箱」と呼びたくなるガーデンです。自分で育てた植物の効能を体内に取り入れることで、心身の調子を整えるセルフケアを実践してみませんか。

ここではハーブティーによく使うハーブとはひと味違う種類をセレクト。ハーブティーは水に溶け出す有効成分を取り出していますが、ドライハーブにしてハーブ全体をパウダーにすると、成分を丸ごと取り入れられます。また、フレッシュハーブをアルコールにつけて作るチンキはアルコールに溶け出す有効成分を取り出しているので、ハーブティーとは異なった成分を抽出できます。

半日陰でも育てられる植物ばかりなので、日当たりを気にせず作れるのもポイント。庭の小さなスペースを生かして作りましょう。

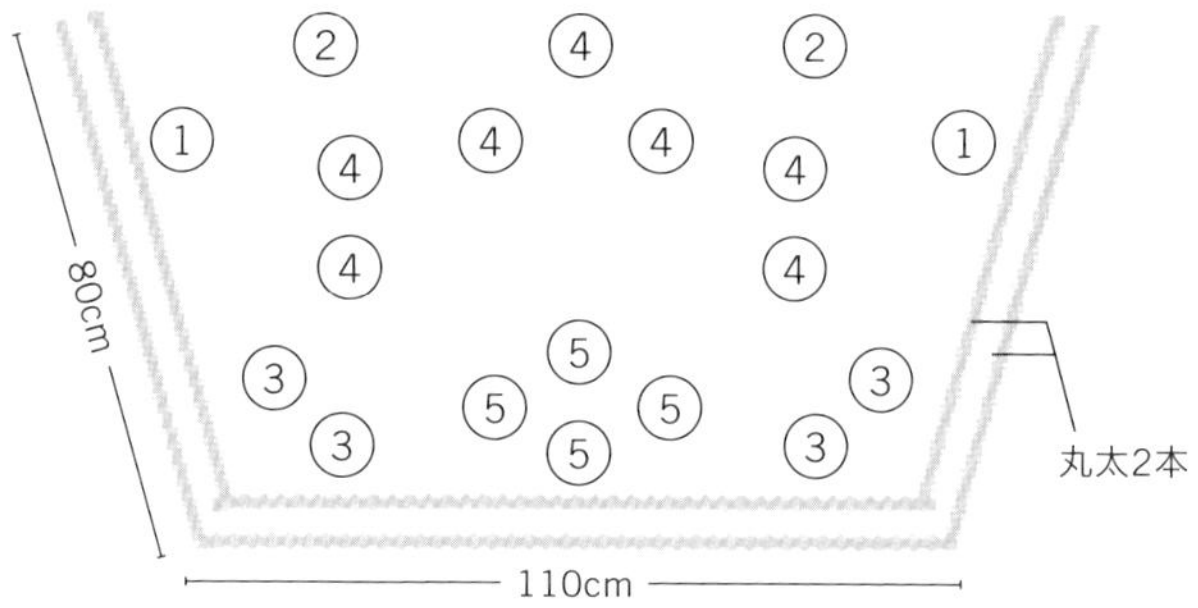

用意するもの

苗

①ローズマリー トスカナブルー……2株（P.75）

②ラベンダー……2株（P.77）

③コモンセージ……4株（P.74）

④エキナセア……7株（P.68）

⑤コモンタイム……4株（P.76）

花壇用

丸太（110cm長さ）……2本

丸太（80cm長さ）……4本

Garden Data

主な目的｜薬用

植え付けの時期｜3～6月

植え替え｜不要

スタイル｜一方見

自然の木を花壇に使う

「緑の薬箱」をイメージして、花壇には木材を使用。土を盛った花壇の三方に市販の丸太を2本ずつ少しずらして重ねて置き、自然で素朴な雰囲気に。切ったり埋めたりする工程がないので女性ひとりでも作りやすい。

後方は高く、手前は低く

植えたばかりのころは全体の高さがほぼ同じ。生長するにつれて少しずつ、中央後方のエキナセアと左右のラベンダーやローズマリーが大きくなり、ガーデン全体のバランスが変化していく。多年草だからこそできるデザイン。

ガーデンのポイント

上／免疫力を高めるハーブとして人気のエキナセアは、メディカルガーデンに欠かせない存在。花も鮮やかで見るだけでも元気になれそう。
右下／右からローズマリー、エキナセア、コモンセージ。すべて昔から薬用に使われてきたハーブ。

右／生長すると枝と枝の間隔が詰まってくるため、外側から適度に剪定して風通しをよくするとよい。 左／コモンタイムは花壇の枠を越えて地面を広がりながら大きくなる。

楽しみ方―1

タイムのチンキ ローズマリーのチンキ

度数が高いアルコールにハーブを浸して作る「チンキ」。作った時は透明な液体が、有効成分が抽出されることで深い緑色に変化します。

材料

- タイムまたはローズマリー……適量
- スピリタス（アルコール96％の蒸留酒）……適量
- 密封できるガラスびん……１個

作り方

1 ハーブを摘み、洗ってよく水気を取る。

2 **1**をハサミで1cm幅にカットし、煮沸消毒したガラス製の密封びんの８分目まで入れる。

3 **2**にハーブがしっかり浸る程度までスピリタスを注ぎ、蓋をする。１日１回びんを振って中身をよく混ぜ、冷暗所で２週間ほど漬け込む。保存期間の目安は６か月。

使い方

タイムのチンキ…ティースプーン１杯を水や白湯100mℓに混ぜ、うがい薬として使用。のどが痛い時に症状を緩和してくれるほか、口臭予防の効果もあるので普段使いにも。

ローズマリーのチンキ…ティースプーン１杯を白湯100mℓに混ぜて１日１回飲む。冷えやむくみ解消に効果があり、ハンガリーでは「若返りの水」と呼ばれることも。

＊未成年および運転前の使用はお控えください。

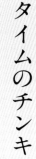

楽しみ方―2

エキナセアパウダー

エキナセアの茎を乾燥させてパウダー状にして飲むことで、有効成分を丸ごと摂取。免疫力を高めるハーブの力をダイレクトに感じられます。

材料

- エキナセア（茎）……適量

作り方

1 エキナセアを茎ごと摘み、洗ってよく水気を取る。

2 1をひもなどで束ね、乾燥した場所に吊るして1〜2週間しっかり乾燥させる（a）。

3 茎をハサミで細かく切ったもの（b、c）をミルでパウダー状にする。

a

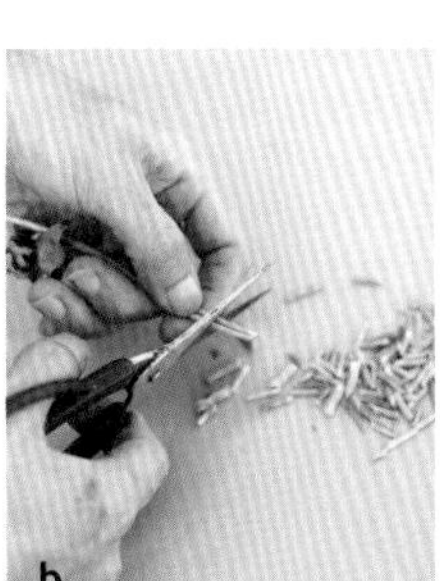

b

c

使い方

漢方薬などを飲む要領で、1日に耳かき1杯分程度を水や白湯とともに摂取する。

保存する時の注意

煮沸消毒したガラス製の密封びんに乾燥剤を入れて保存する。保存期間の目安は6か月。

ロックガーデンを作りたい

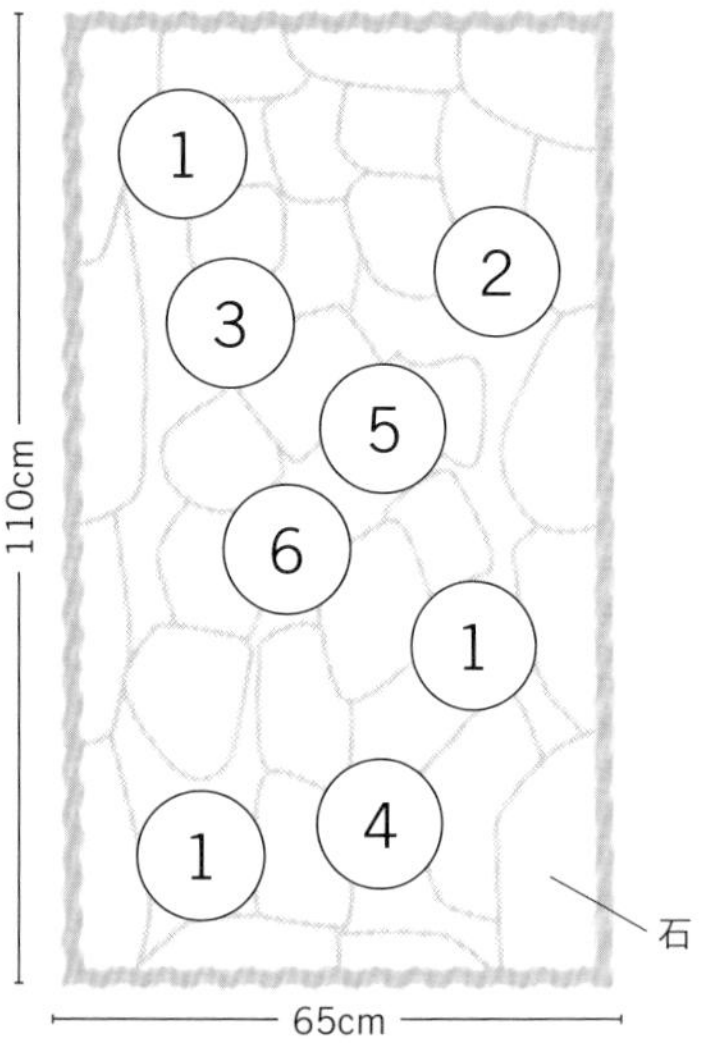

用意するもの

苗

①クリーピングタイム……3株（P.76）

②ローズマリー トスカナブルー……1株（P.75）

③ココナッツゼラニウム……1株（P.78）

④サントリナ シルバー……1株（P.74）

⑤セネシオ 美空鉾《みそらほこ》……1株（P.82）

⑥エケベリア 雪雛《ゆきびな》……1株（P.82）

花壇用

石……20〜30個

人気の多肉植物を取り入れた観賞用ハーブガーデン。岩場に自生しているようなワイルドなイメージを演出するため、無骨な石で土を覆うようにして花壇を作りました。石の隙間から生え、這うように横に広がりながら生長します。玄関先などのちょっとしたスペースに作るとよいでしょう。

組み合わせたハーブは乾燥に強い多年草なので、手入れはほぼ不要。水やりは基本雨まかせでよく、あまりに日照りが続く場合に水をやる程度でOKです。

花壇を作る際は、まず周囲に石を置いて枠を作り、その中に土を入れる。さらに植物を植えてから、茎や葉をつぶさないように、空いているスペースにバランスよく石を置く。

Garden Data

主な目的｜観賞用

植え付けの時期｜3〜5月

植え替え｜不要

スタイル｜多方見

樹木の下を飾りたい

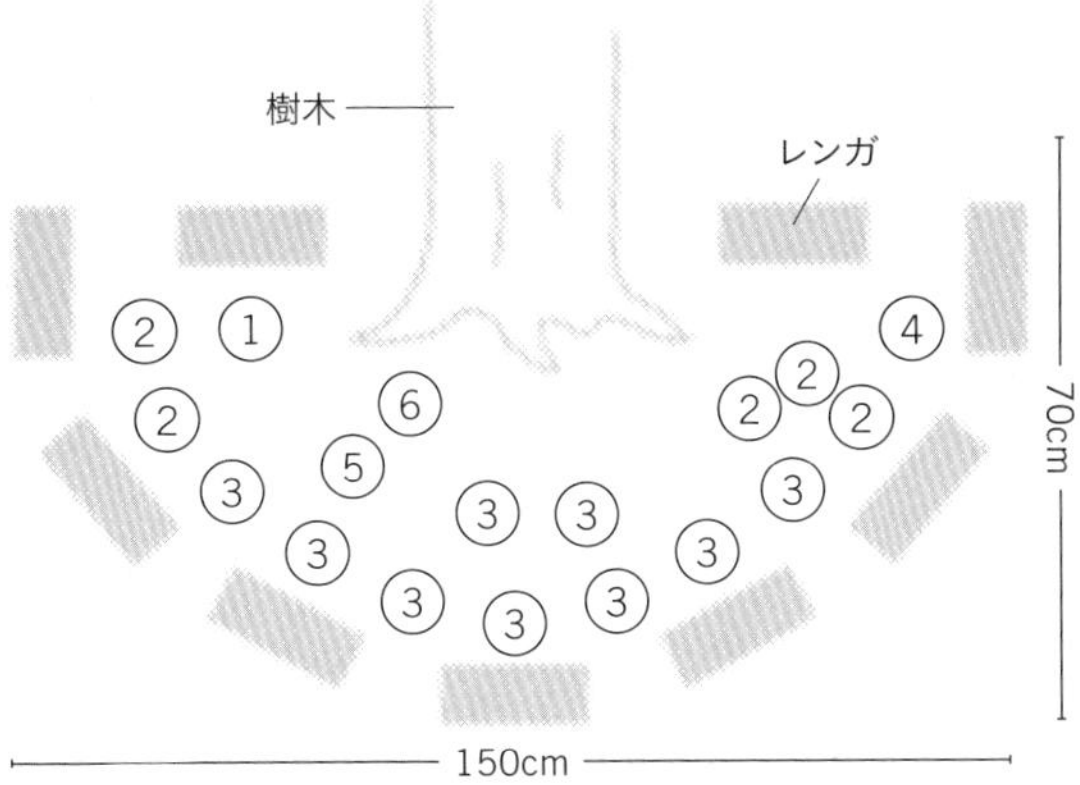

用意するもの

苗
①センテッドゼラニウム……1株（P.78）
②クリーピングタイム……5株（P.76）
③アジュガ チョコレートチップ……9株（P.71）
④ラベンダー……1株（P.77）
⑤オレガノ……1株（P.64）
⑥レモンバーム……1株（P.65）

花壇用
レンガ……9個

Garden Data

主な目的｜観賞用
植え付けの時期｜3〜5月
植え替え｜不要
スタイル｜多方見

日当たりがあまりよくない木の下に何か緑がほしい、スペースを有効活用したいという時に試してほしいプラン。生長しても背が高くならず、地面を這うように広がって土をほどよく隠してくれるハーブを選びました。庭や玄関脇に立つシンボルツリーの下に作るのがおすすめ。

メインのアジュガ チョコレートチップは日陰や寒さに強く、冬でも濃い緑色の葉を茂らせるため、ほかの植物が枯れてしまった冬の庭に彩りを添えてくれます。

木は種類を選ばないが、果樹は実が落ちる時にハーブにあたってしまうので避けた方がよい。今回、半円形に制作したが、庭の中央に植えられている木なら、円形にするなどアレンジを。

Vegetable garden

ハーブと夏野菜ガーデン

ハーブと相性のよい夏野菜をメインにしたガーデンです。たとえばトマトとバジルは料理をする時に一緒に使われることが多い組み合わせですが、実は同じ花壇に植えるのもおすすめ。水を欲するバジルが、乾燥を好むトマトの根の周辺の水分量を適切に保ってくれる効果があります。

トマトとナスは苗を植える段階から支柱を立てておくと安心。脇芽をこまめに取り、上に上にと伸ばしてやることで、うまくすれば10月くらいまで収穫できるかもしれません。ゴーヤは背面にネットを張ってグリーンカーテンを楽しみましょう。実を少し残しておくと、やがて熟して種子が落ち、来春には再び発芽します。

これらはすべて一年草なので、収穫が終わると枯れていきますが、ひと夏の楽しみとして、試してみてはいかがでしょうか。

用意するもの

苗

①スイートバジル……6株（P.59）
②ミニトマト……3株（P.80）
③ナス……1株（P.80）
④ズッキーニ……1株（P.81）
⑤ゴーヤ……2株（P.81）

花壇用

木材（長さ180×幅9×厚さ2cm）……2本
木材（長さ90×幅9×厚さ2cm）……2本
ビス（4cm以上のもの）……8本
＊P.16を参考にビスで留めて木枠を作る。
トマト用支柱（2m）……3本
ナス用支柱（1.5m）……3本
麻ひも……適量
ゴーヤ用ネット……1個

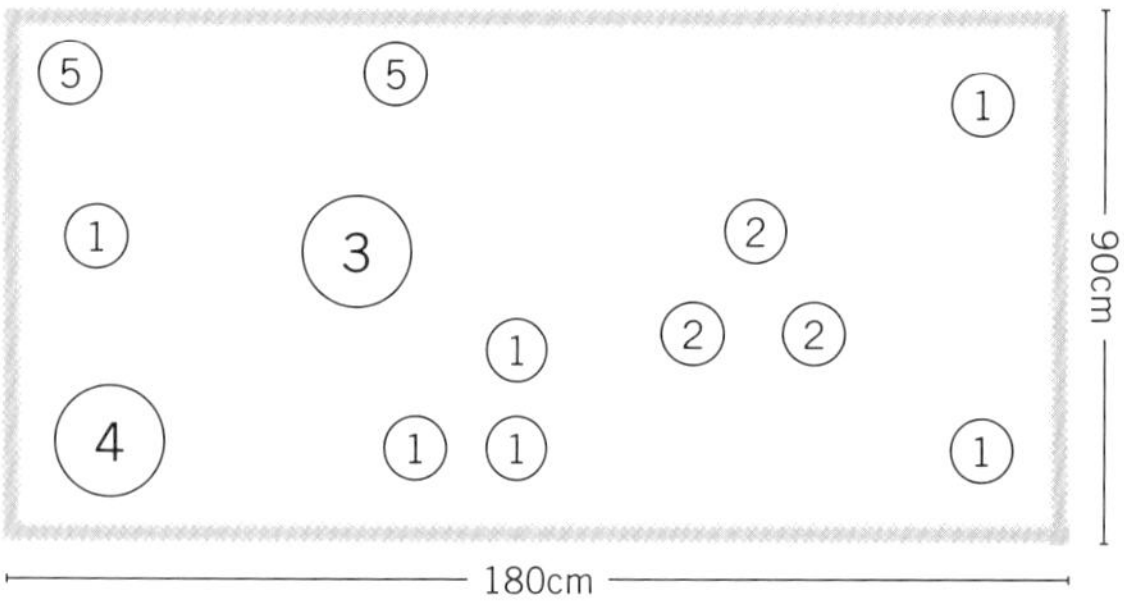

Garden Data

主な目的｜食用
植え付けの時期｜4〜6月
植え替え｜必要（すべて一年草）
スタイル｜一方見

ガーデンのポイント

木の枝を支柱にする

花壇を木材で作ったら、支柱にも木の枝を使ってナチュラルな雰囲気の演出を。支柱と茎を結ぶのは麻ひもを使うなど、テイストをそろえることで見た目がぐんと素敵に。

実がついている茎も思い切って剪定

ミニトマトとナスの剪定のコツは、脇芽を取り除いて上へ上へと伸ばしてやること。脇芽を取り損ねて枝が伸び、実がついてしまったとしても適宜カット。枝や実を切るのは忍びないものの、その方が長く、たくさん収穫できる。

6月末 1か月半後

上／5月半ばに作ったガーデン。一番最初に大きくなるのはミニトマト。それを追いかけるようにナスとズッキーニが葉を大きく伸ばす。ゴーヤはまだ細いつるが伸び始めたところ。 右／株が大きくなり、ナスは花を咲かせる。実をつけると株に栄養がいかなくなるため、最初にできた実は小さいうちに摘果する。 左／ミニトマトは青い実をつけ始める。トマトはナスとは異なり、最初についた実は大事に育てる。

7月末 さらに1か月後

トマトはどんどん出てくる脇芽を取り除いて、主茎を1本にすると育てやすい。大きくなると重みで倒れてしまうので、支柱は2mくらいの長さのものを使うとよい。

右上／トマトは真っ赤に完熟したら収穫の適期。完熟の採れたてを食べられるのは家庭菜園ならでは。 左上／細長く育つ品種は実がやわらかくトロリとするのが特徴。 下／バジルは摘芯することで脇芽を伸ばし、枝分かれしてたくさん葉をつける。

夏の盛りには安定して収穫できるようになってくる。たくさん採れたら新鮮なうちに召し上がれ！ ぶかっこうな形でも味は格別。

9月末 さらに2か月後

ゴーヤは見事なグリーンカーテンになり、実をつけ始めた。熟す前の緑色の状態で収穫して食べるが、そのまま置いておくと黄色く熟してきて、最後は種がこぼれ落ちる。

楽しみ方—1

バジルペースト

バジルは夏の間にたくさんの葉をつけるので、
食べるのが追いつかないほど。
そんな時はペーストにしておきましょう。
自家製だからこその
濃厚なおいしさをどうぞ。

材料(作りやすい分量)

- スイートバジル……100g
- オリーブオイル……200mℓ
- 粉チーズ……17g
- ピーナッツ……17g ＊食塩不使用。松の実やくるみなどでも可
- 塩……6g
- にんにく(すりおろす)……1片
- レモン汁……少々

作り方

1 オリーブオイル、粉チーズ、ピーナッツ、塩、にんにく、レモン汁をミキサーに入れてかくはんする。

2 洗って水気を取ったバジルを数回に分けて**1**に加え、なめらかになるまでしっかりかくはんする。一度に入れるとよく混ざらなかったり、時間がかかってバジルが変色してしまったりすることがあるので注意。

保存する時の注意

保存袋もしくは煮沸消毒した密封びんで保存する。すぐに使う場合は冷蔵庫へ。保存期間の目安は2週間。長期保存したい場合は冷凍庫へ。冷凍の保存期間の目安は3か月。

バジルペースト(P.55)の
おいしい食べ方

バジルのパスタ

バジルペーストを作ったら
まずはパスタを試してみて。
バジルを贅沢に使った
濃厚なソースを
絡めるだけででき上がり。

材料(1人分)

- パスタ……80g
- バジルペースト……70g

作り方

1 鍋にたっぷりの湯を沸かす。沸騰したら水の1%の塩(材料外)を入れ、パスタを袋の表示通りにゆで始める。

2 フライパンにバジルペーストとパスタのゆで汁70mℓを入れて中火にかけ、木べらなどでよく混ぜながらソースを乳化(油分と水分をなじませること)させる。

3 ソースがふつふつとしてきたら弱火にし、ゆで上がって水気を切ったパスタを加えてソースとからめる。

4 皿に盛り、好みで砕いたナッツや粉チーズ、黒こしょう(材料外)などをふる。あればバジルの葉(材料外)を添える。

楽しみ方―2

ゴーヤチャンプルー

実はスパイスとも相性のいいゴーヤ。
いつものゴーヤチャンプルーに
クミンを加えることで、
新しいおいしさと出合えます。
シンプルに卵だけでも、
肉や豆腐を入れても。

材料(2人分)

- ゴーヤ……1本
- 卵……2個
- にんにく(みじん切り)……1片
- 油……大さじ2
- しょうゆ……小さじ1
- クミンパウダー……少々
- 白こしょう(粉)……少々
- 塩……少々

作り方

1 ゴーヤは縦半分に切って種とワタを取り、5mm幅にスライスする。卵は割りほぐす。

2 フライパンに油とにんにくを入れて中火で熱し、香りが立ったらゴーヤを入れて炒める。

3 ゴーヤに火が通ったら溶き卵を加え、一気に混ぜる。

4 卵が半熟の状態で火を止め、しょうゆ、クミンパウダー、白こしょう、塩を加えて味をととのえる。

3

Herb catalog

ハーブと植物のカタログ

カモミール

	1月	2月	3月	4月	5月	6月	7月	8月	9月	10月	11月	12月
種まき												
植え付け			■	■	■					■	■	■
収穫				■	■							
開花				■	■	■						
作業												

―特徴―

カモミールの語源はギリシャ語で「大地のりんご」。かわいらしい花姿や親しみのある香りから、ハーブの中でも大変人気です。白い小花はハーブティーにするとりんごに似たやさしい香りが広がります。主にティーに使われるジャーマンカモミールのほか、アロマテラピーで人気のローマンカモミール、カミツレモドキ属の多年草のダイヤーズカモミール、ワイルドカモミールとも呼ばれるコシカギクなど複数の品種があります。

―育て方―

日当たりと水はけがよい場所を好みます。風通しのよい場所に植え、株元を蒸らさないように管理するとアブラムシが付きにくくなります。地植えにすると自然に種が落ち、こぼれ種でどんどん増えていきます。花の収穫を繰り返すことで、より長く楽しめます。

―楽しみ方―

- カモミールティー（P.26）にして飲むと、りんごのような甘くさわやかな香りが楽しめ、心身をリラックスさせてくれます。牛乳との相性がよいので、カモミールミルクティーもおすすめ。焼き菓子に使われることも。
- スワッグやブーケにしてそのまま乾燥させると長く楽しめます。

ジャーマンカモミール

学名	*Matricaria chamomilla*
科名	キク科
原産地	ヨーロッパ～アジア
別名	カミツレ（和名）、カモマイル
分類	一年草
性質	耐寒性

カレンデュラ

	1月	2月	3月	4月	5月	6月	7月	8月	9月	10月	11月	12月
種まき												
植え付け	■	■	■								■	■
収穫	■	■	■	■	■	■						
開花	■	■	■	■	■	■						
作業	■	■	■	■	摘芯							

―特徴―

ヨーロッパでは「万能軟膏」とも呼ばれる、「緑の薬箱」の定番アイテム。植物療法の分野でもよく使われます。春から夏にかけて、鮮やかなオレンジ色の花を咲かせ、花弁はエディブルフラワー、ティー、チンキなどに使えます。観賞用の園芸種も多いため、購入時は気をつけましょう。

―育て方―

苗でも種からでも育てられます。種の場合は、すじまきやばらまきで土に直植えし、種が隠れる程度に土を軽く覆いかぶせます。種まきの時期は春と秋。よく日に当ててゆっくり育てると、しっかりとした株になります。開花時は、随時収穫と摘芯を繰り返すことで長く楽しめます。

―楽しみ方―

- 花を植物油に漬け込んだカレンデュラオイル（P.20）は、日々のスキンケアのほか、パックやマッサージオイルとして使うのがおすすめ。
- ハーブティーにして飲んだり、エディブルフラワーとして、サラダに散らしたり、フリットにしたりしても。
- ブーケやドライブーケに。

学名	*Calendula officinalis*
科名	キク科
原産地	地中海沿岸
別名	キンセンカ（和名）、ポットマリーゴールド
分類	一年草
性質	半耐寒性

バジル

スイートバジル

ぷっくりした丸い葉がなんとも愛らしい。夏に向けてぐんぐんと生長し、草丈は摘芯せずに育てると1m近くに達するものも。

学名	*Ocimum basililcum*
科名	シソ科
原産地	熱帯アジア
別名	スイートバジル……メボウキ（和名） ホーリーバジル……トゥルシー
分類	一年草
性質	非耐寒性

ホーリーバジル

草丈は30〜80cmほどに生長し、葉に強い香りがあるのが特徴。茎には細かい毛がたくさんあり、スイートバジルより葉は平らで細い。

	1月	2月	3月	4月	5月	6月	7月	8月	9月	10月	11月	12月
種まき												
植え付け					■							
収穫						■	■	■	■	■		
開花							■	■	■	■		
作業					摘芯	■	■	■	■	■		

特徴

丈夫で初心者でも育てやすいハーブです。スイートバジルは艶やかな葉が生い茂り、可憐な白い花を咲かせます。ヒンドゥー教では聖なる植物として崇められているホーリーバジルは、やや紫色でたくさん分岐し、薄ピンク色の花を咲かせます。そのほか、赤色のダークオパールバジル、柑橘系の香りのレモンバジル、スパイシーなシナモンバジルなど種類もさまざま。ボリュームが出るので、観賞用としても役立ちます。

育て方

日当たりと風通しのよい場所で育て、たっぷり水を与えます。大きくなってきたら、先端の芽を摘む「摘芯」を行います。随時収穫を兼ねた摘芯を繰り返すことで、脇芽が出てしっかりとした株になり、長く収穫を楽しめます。花穂が出てきたら早めに摘むと、香りのよい葉がたくさん収穫できます。切り取った茎は水につけておくと根が出てくるので、挿し木も容易。種からも簡単に育てられます。

楽しみ方

- スイートバジルはカプレーゼやピザのトッピングに。オレンジとの相性もよくサラダ仕立てにしても。バジルペースト（P.55）にしてパスタ（P.56）にも。
- 香りの強いホーリーバジルはタイ料理によく使われます。ガパオライスのほか、炒めものやスープに。
- 健康効果が高く、フレッシュやドライをハーブティーにして飲むのもおすすめ。

ディル

学名	*Anethum graveolens*
科名	セリ科
原産地	ヨーロッパ〜アジア
別名	イノンド（和名）
分類	一年草
性質	半耐寒性

	1月	2月	3月	4月	5月	6月	7月	8月	9月	10月	11月	12月
種まき												
植え付け				■	■	■						
収穫				■	■	■						
開花					■	■	■					
作業				花芽摘み	■	■	■					

一特徴一

さわやかな香りとほろ苦さが特徴のハーブで、見た目はフェンネルと似ていますが、フェンネルより葉がピンと伸び、濃い緑色です。花軸が放射状に分岐して、先端に黄色い小花をたくさんつけるセリ科特有の花姿も魅力的。ヨーロッパでは魚のハーブとしてよく使われています。

一育て方一

日当たりと風通しがよく、水はけのよい場所を好みます。種から育てる場合はプランターや地面に直まきし、大きくなってからの植え替えは避けましょう。乾燥しないよう水やりをこまめに行い、花芽がついたら早めに刈り取ると、葉の収穫時期が長くなります。2mくらいまで大きくなりますが、倒れてしまう恐れがあるので、茎を傷つけないように土寄せするか支柱を立てましょう。

一楽しみ方一

- さわやかな香りでピクルスやハーブビネガーに入れることが多く、葉も花も種もすべて使えます。
- 魚や肉の臭み消しや香り付けのほか、見た目のかわいらしさから仕上げのトッピングとしても利用。酸味との相性がよいので、ヨーグルトやマヨネーズなどに刻んで入れても。

チャービル

学名	*Anthriscus cerefolium*
科名	セリ科
原産地	ヨーロッパ〜アジア
別名	ウイキョウゼリ（和名）、セルフィーユ
分類	一年草
性質	半耐寒性

	1月	2月	3月	4月	5月	6月	7月	8月	9月	10月	11月	12月
種まき												
植え付け			■	■					■	■		
収穫			■	■	■	■	■		■	■		
開花						■	■					
作業					花芽摘み	■	■					

一特徴一

甘くてさわやかな香りがあり、明るい緑色の葉が特徴です。パセリよりもクセが少なく、葉がやわらかくて食べやすいため、料理の飾りや風味付けだけでなく、葉野菜としても使われます。初夏になると、茎の先に白い小さな花をたくさん咲かせます。花姿がフェンネル（ウイキョウ）に似ていることから、ウイキョウゼリという和名が付けられました。

一育て方一

風通しのよい明るい日陰を好みます。直射日光が強く当たると、葉がかたくなってしまいますが、半日陰で育てると香り高く、やわらかく育ちます。やや湿り気を好み、高温や乾燥は苦手。移植を嫌うので、植え替えは避けましょう。種は庭にすじまきや直まきし、発芽まで水を切らさないようにして、葉が出たら適宜間引きします。

一楽しみ方一

- 上品な甘い香りをもち、肉、魚、卵料理などさまざまな素材と相性がよいハーブ。熱を通しすぎると、風味が飛んでしまうので、生で使われることが多いです。
- フィヌゼルブ（数種類のハーブを細かく刻んだもの）に欠かせないハーブで、サラダに加えたり、オムレツに入れたり。

ルッコラ

学名	*Eruca vesicaria*
科名	アブラナ科
原産地	地中海沿岸、アジア
別名	エルーカ、ロケット
分類	一年草
性質	半耐寒性

	1月	2月	3月	4月	5月	6月	7月	8月	9月	10月	11月	12月
種まき												
植え付け				■	■	■				■		
収穫				■	■	■			■	■	■	
開花				■	■							
作業												

―特徴―

葉を食べることが多く、ほのかにゴマのような香りがします。ピリッと辛く、苦みもありますが、栽培方法や土壌によってもその度合いはかなり変わるようです。露地植えで大きく育て、花を咲かせるのも見どころのひとつ。薄黄色の花は繊細ながら大人っぽい魅力があります。ボリュームが出るので、群集させて植えてもよいでしょう。

―育て方―

春と秋は育てやすく、種まきと植え付けの適期。種まき後、新芽が混み合ってきたら間引きします。強い日差しを浴びると、葉は苦く、かたくなります。とう立ちしてきたら、早めに切り取ると収穫時期が長くなりますが、とう立ちさせて花を咲かせ、観賞用として楽しむこともできます。

―楽しみ方―

- イタリア料理でよく使われ、生ハムやチーズとの相性は抜群。トマトとの組み合わせも定番で、サラダのほか、肉料理の付け合わせに。
- ゆでて辛みを抑え、ナッツ類と合わせてペーストにするほか、おひたしやみそ汁の具に。
- 花もルッコラの香りがするので、エディブルフラワーとしてサラダに散らしても。

グリーンマスタード

学名	*Brassica juncea*
科名	アブラナ科
原産地	ヨーロッパ、中国、インド
別名	セイヨウカラシナ（和名）、ハカラシナ（和名）
分類	一年草
性質	耐寒性

	1月	2月	3月	4月	5月	6月	7月	8月	9月	10月	11月	12月
種まき												
植え付け			■	■	■	■		■	■			
収穫	■	■		■	■	■	■			■	■	■
開花					■	■						
作業												

―特徴―

日本のからし菜の一種で、細かく縮れたように切れ込みが入ったやわらかい葉が特徴。元々は欧州で栽培されていた植物です。大きくなると黄色い小花を咲かせます。種から「からし」を採取するための作物で、葉は薄く、食感もふんわりとして食べやすいです。食べるとややピリッとした辛みがあります。

―育て方―

日当たりと風通しのよい場所を好みます。耐寒性があるので、真冬でもゆっくりですが生育します。すじまきにして、種が隠れる程度に軽く土をかぶせ、葉の生長に合わせて順次間引いていきましょう。発芽時や生育初期に乾燥させると生育が悪くなるので、水やりはこまめに行います。収穫時には外葉から、もしくは株ごと収穫します。

―楽しみ方―

- 生のままサラダで。肉との相性がよいので、肉料理の付け合わせとして。マスタードの代わりにソーセージと一緒に食べるのもおすすめ。食欲増進と消化促進の効果があるともいわれています。
- 辛みが苦手なら、さっとゆでておひたしにするとよいでしょう。

	1月	2月	3月	4月	5月	6月	7月	8月	9月	10月	11月	12月
種まき												
植え付け					■	■						
収穫							■	■	■			
開花							■	■	■			
作業										種採り	■	

バタフライピー

学名	*Clitoria ternatea*
科名	マメ科
原産地	東南アジア～インド
別名	チョウマメ（和名）、アンチャン
分類	一年草
性質	非耐寒性

—特徴—

マメ科のつる性の植物で1～3mに生長します。暑さにはとても強く、真夏でもぐんぐん生長し、たくさんの花を咲かせ、鮮やかな青い花はとても涼やかです。つる性であることを生かして、夏のグリーンカーテンとして楽しむことも。花にはアントシアニンという天然の青い色素が含まれ、湯を注ぐときれいな青色のお茶になります。花は次から次へと開花しますが、1日で咲き終わるので、しぼむ前に摘んでハーブティー用に乾燥させておきましょう。

—育て方—

苗のほか、種からでも育てられます。種はかたいので、外側の殻に軽く傷をつけるか、ひと晩水に浸けてから直まきします。移植を嫌う性質なので、植え替えは避けましょう。つる性なので支柱を立てるか、フェンスなどに這わせるといいでしょう。つるは、定期的に誘引して管理します。

—楽しみ方—

- 花はエディブルフラワーとして料理に使ったり、フレッシュやドライにしたものをティーにしたり（P.27）、ブルーの液体をゼリーにしても。ドライにした方が青色が鮮やかに出ます。

二年草

	1月	2月	3月	4月	5月	6月	7月	8月	9月	10月	11月	12月
種まき												
植え付け			■	■	■	■			■	■	■	
収穫	■	■	■	■	■	■	■	■	■	■	■	■
開花						■	■					
作業					花芽摘み	■	■					

イタリアンパセリ

学名	*Petroselinum neapolitanum*
科名	セリ科
原産地	地中海沿岸
別名	フラットリーフパセリ、オランダゼリ（和名）
分類	二年草
性質	半耐寒性

—特徴—

一年中収穫ができて、育てやすいのが魅力のハーブ。生育旺盛で夏越し、冬越しができますが、宿根草ではないので2年くらいで枯れてしまいます。一般的なカール状のパセリとは少し異なり、葉はやわらかくさわやかな香りで、パセリの独特な風味が苦手な人にも食べやすい。外葉の根元から収穫すれば、中からどんどん新芽が出てきて長期間収穫ができます。

—育て方—

日当たりと風通しのよい場所を好みます。高温には弱いので、真夏は半日陰くらいの涼しい場所で育てるのがコツ。移植を嫌うので苗から育てるか、種を土にすじまきして、間引きしながら育てます。葉を使いたいなら花芽は取り除きますが、こぼれ種でも育つので、あえて花を咲かせて観賞用にしても。

—楽しみ方—

- 清涼感のある香りで、特に魚介料理を引き立てます。ボンゴレビアンコやクラムチャウダーにたっぷりと加えて、ドレッシングやサラダに混ぜて、香りのアクセントに。
- ブーケガルニにして煮込み料理に入れたり、刻んでハーブバターにしたり。乾燥させるかフレッシュをすりつぶしてハーブソルトに。

ミント

スペアミント
料理やハーブティーなどに一番使いやすい品種。ややしわの寄った葉をつけ、夏には白～薄い桃色の穂のような花を咲かせる。

ペパーミント
スペアミントよりもミント感が強い。葉の表面がつるっとしていて、先にかけて尖っているのが特徴。

パイナップルミント
アップルミントの交雑種で、パイナップルのような甘い香りがする品種。葉に細かい毛があり、明るいクリーム色の斑入り。生花として室内に飾っても。

	1月	2月	3月	4月	5月	6月	7月	8月	9月	10月	11月	12月
種まき												
植え付け			■	■	■	■	■	■	■	■	■	
収穫					■	■	■	■	■	■		
開花							■	■	■			
作業		株分け・挿し木					株分け・挿し木					

学名	*Mentha* spp.
科名	シソ科
原産地	北半球の温帯地帯、アフリカ
別名	スペアミント……ミドリハッカ（和名） ペパーミント……セイヨウハッカ（和名）、 コショウハッカ パイナップルミント……斑入りアップルミント
分類	多年草
性質	耐寒性

特徴

スーッとするさわやかな香りが特徴的で、古くから栽培され、お菓子やハーブティー、入浴剤などさまざまな用途で使われています。非常に繁殖力旺盛で、1株植えたら何もしなくても庭中にはびこってしまうほど。仲間は非常に多く、千種類以上あるといわれ、毎年のように新種が登場します。最も有名なのは、香りが強すぎず料理によく使われるスペアミント。ペパーミントはメントールを多く含むので清涼感が強く、ピリッとした刺激のある香りが特徴。パイナップルミントはクリーム色の斑入りの葉がガーデンを彩り、寄せ植えのアクセントにもなります。

育て方

日当たりと風通しのよい場所を好みます。日陰では葉色や香りが悪くなるので、日向～半日陰の環境で育てましょう。暑さにも寒さにも強く育てやすい品種です。交雑しやすいので、違う品種を近くに植えないように。地上の茎は直立に伸びていき、地下では横にほふくしていくため、繁殖力は旺盛。株を広げたくない場合は鉢植えで育てるとよいでしょう。挿し木や株分けで簡単に増やせます。

楽しみ方

- まずはミントティー（P.27）で。やわらかな葉を摘んでポットに入れ、上から湯を注ぐだけ。ほかのハーブやフルーツと合わせればオリジナルブレンドに。パイナップルミントの甘い香りもハーブティーに向いています。
- レモンとの相性がよく、ドリンクやサラダなどに使えるほか、焼き菓子や冷たいデザート、シロップ（P.84）に幅広く使えます。
- 製氷皿にミントの葉と水を凍らせてミント氷に。
- 夏場はお風呂に入れるとすっきりさわやか。ポプリやサシェにもどうぞ。

オレガノ

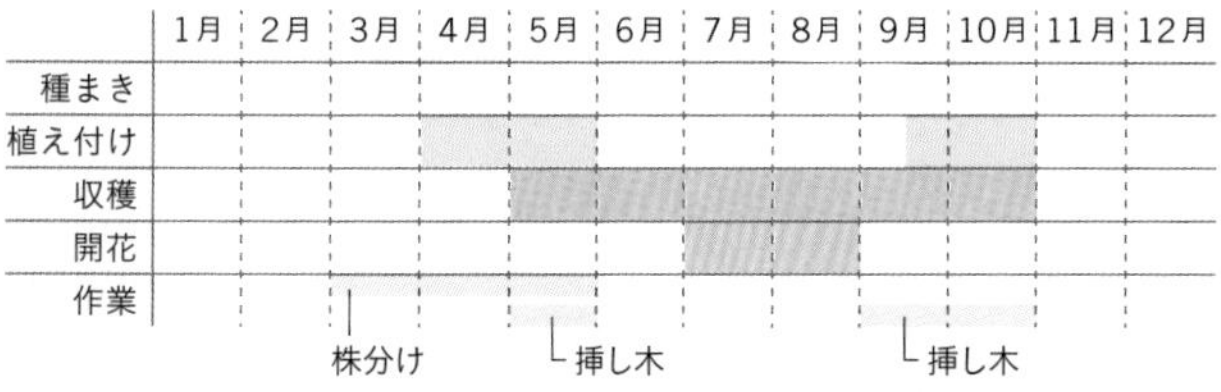

学名	*Origanum vulgare*
科名	シソ科
原産地	ヨーロッパ〜アジア
別名	ハナハッカ(和名)、ワイルドマジョラム
分類	多年草
性質	耐寒性

特徴

料理に使われるハーブとして知られますが、ハナハッカという和名のように、花も美しい多年草です。直立した茎の先端に、赤紫色の苞に包まれた淡紅色の小花が球状に集まり、次々に咲きます。苞の色は乾燥させても残るので、ドライフラワーにしても楽しめます。黄金葉の品種もあり、カラーリーフとして花壇や寄せ植えでも活躍します。

育て方

比較的土壌を選ばずに育ちますが、涼しい場所で乾燥気味に育てるのがコツです。繁殖力が強いですが、夏場は蒸れないように、こまめに葉を剪定し風通しをよくしましょう。花が咲き終わったら花茎を切り戻すと、再び花を咲かせてくれます。挿し木や株分けで増やせます。

楽しみ方

- 肉料理や魚料理のほか、煮込み料理に。肉や魚をローストする際に使うと臭み消しになり、料理を香り豊かに仕上げます。
- トマトとの相性が抜群で、トマトソースのパスタによく使われます。また、オイルとも相性がよく、刻んでドレッシングに入れるのもおすすめ。
- 乾燥させて焼き菓子に入れるほか、ポプリやリース、スワッグなどのクラフトワークにも。

スイートマジョラム

学名	*Origanum majorana*
科名	シソ科
原産地	地中海東部沿岸
別名	マヨラナ
分類	多年草
性質	耐寒性

特徴

葉の形はオレガノと非常によく似ていますが、より甘くややスパイシーな香りに癒やされます。丸みを帯びた葉を対に茂らせ、球状に膨らんだ苞から小さな白い花を咲かせます。花、葉、茎はクセがないさわやかな香りで、フレッシュでもドライでも風味が変わりません。

育て方

日当たりと水はけのよい場所で育て、風通しをよくすることがポイント。高温多湿に弱く、梅雨になると株が蒸れて枯れることがあります。収穫を兼ねて、茂った葉っぱや枝を刈り込みましょう。株の大きさの半分から3分の1程度を切り戻すことで、開花による栄養の消耗を防ぐ効果があります。種まきでも苗を植えるのでもどちらでも可。植え付ける時は、ほかの植物の陰になる場所は避け、風通しを妨げられないようにしましょう。

楽しみ方

- 料理の香り付けに使います。野菜や豆類との相性もよく、煮込み料理などに向いています。
- 刻んでハーブバターやハーブソルトにするほか、ブーケガルニにも。卵との相性がよいのでオムレツなどに入れて。魚や鶏肉など淡泊な素材との組み合わせもおすすめ。

	1月	2月	3月	4月	5月	6月	7月	8月	9月	10月	11月	12月
種まき												
植え付け												
収穫												
開花												
作業	挿し木・株分け						挿し木・株分け					

レモンバーム

学名	*Melissa officinalis*
科名	シソ科
原産地	地中海沿岸
別名	メリッサ
分類	多年草
性質	耐寒性

―特徴―

繁殖力旺盛で、細長く伸びた茎の間から小さな白い花を咲かせます。レモンを思わせるようなさわやかな香りが特徴で、花にはミツバチが集まるので、かつては大切な蜜源とされていました。摘み取ったばかりのフレッシュな葉はティーにして楽しむのが一番。中世ヨーロッパでは「長寿のハーブ」といわれており、ティーガーデンには欠かせないハーブです。

―育て方―

比較的土や植える場所を選ばない、丈夫なハーブのひとつ。日当たりがよく、風通しと水はけのよい場所を好みます。茎が間伸びしてきたら、新芽の上でばっさりと切り戻します。茎が伸びて花を楽しんだ後は切り戻しを繰り返してください。繁殖力は旺盛ですので、またすぐに大きく育ちます。

―楽しみ方―

- スパイシーさもあるレモンの香りで、ティーの中でも人気。ほかのハーブとブレンドしたり、紅茶と合わせたりして飲んでも。ドライよりもフレッシュがおすすめ。
- 若い葉はサラダやビネガー、ソース類にも使われます。ポプリにしても。

	1月	2月	3月	4月	5月	6月	7月	8月	9月	10月	11月	12月
種まき												
植え付け												
収穫												
開花												
作業			株分け							挿し木		

ステビア

学名	*Stevia rebaudiana Bertoni*
科名	キク科
原産地	南米各地
別名	アマハステビア（和名）、キャンディーリーフ
分類	多年草
性質	半耐寒性

―特徴―

甘味料としてよく知られているステビア。清涼感があり、虫歯の原因にならない、カロリーがないなどの特徴があり、砂糖の200～300倍の甘みがあるともいわれます。茎には細かい白い毛が生えていて、触るとザラザラした感じがあり、夏から秋ごろまでは白い小さな花をたくさん咲かせます。

―育て方―

日当たりと水はけのよい場所を好みます。生育期は土の表面が乾いたらたっぷりと水を与えますが、乾かないうちに水やりすると土の中が過湿状態になり、根腐れが起きることもあるので気を付けましょう。随時摘芯すると葉がよく育ち、しっかりとした株になります。開花後は早めに収穫すると長く楽しめます。冬は休眠状態になるため水やりの回数を少なくし、乾かし気味にします。株分けや挿し木で簡単に増やせます。

―楽しみ方―

- フレッシュな葉をハーブティーに。強い甘みをもっているので、ほかのハーブとブレンドして少量を使うのがおすすめ。
- 少量のフレッシュの葉を沸騰した湯に15～30秒入れ、葉を取り出して冷ましたら、ステビアシロップができます。長く入れすぎると苦みを感じるので注意。

チャイブ

	1月	2月	3月	4月	5月	6月	7月	8月	9月	10月	11月	12月
種まき												
植え付け				■	■							
収穫				■	■	■	■	■	■	■	■	
開花				■	■	■						
作業	株分け		■					株分け	■	■		

学名	*Allium schoenoprasum*
科名	ユリ科
原産地	ヨーロッパ〜アジア
別名	エゾネギ（和名）
分類	多年草
性質	耐寒性

一特徴一

半日陰で育つキッチンハーブです。まっすぐに伸びた茎の先に、ポンポンのようなピンク色のかわいらしい花が咲きます。ネギのように中が空洞の葉っぱが地際から伸び、草丈は20〜30cmに生長します。ネギやアサツキの仲間で、にんにくやエシャロットは近縁種。食用のハーブとしてだけでなく、花壇の彩りとしても人気です。

一育て方一

春から夏にかけては半日陰でも育ちますが、日当たりがよく、保水性のある土を好みます。葉が20cm以上になったら収穫できます。根元から3〜5cm残して切り戻すと根元から新芽が出てきます。開花させると葉がかたくなるので、葉をメインに収穫する場合は、つぼみのうちに摘み取りましょう。冬は地上部が枯れますが、根は生きているので水やりを忘れずに。株分けで増やせます。

一楽しみ方一

- ネギのような香りがあることから、欧米ではスープの薬味などに利用。ピンクの花も食べられます。オムレツやサラダにも。
- 刻んでハーブバターやハーブクリームチーズにしても。花を刻んでバターに混ぜると薄いピンク色になります。

スイートフェンネル

	1月	2月	3月	4月	5月	6月	7月	8月	9月	10月	11月	12月
種まき												
植え付け				■	■				■	■		
収穫				■	■	■	■	■	■	■		
開花					■	■	■					
作業												

学名	*Foeniculum vulgare Mill*
科名	セリ科
原産地	地中海沿岸
別名	ウイキョウ（和名）
分類	多年草
性質	耐寒性

一特徴一

中世では魔よけにも使われていたといわれる、最も古い栽培植物のひとつ。見た目が同じセリ科のディルとよく似ていますが、食べてみると甘くスパイシーで、ほんのり苦みを感じます。中華料理で使われることの多い香辛料・八角と香りが似ていて、八角を大茴香（ダイウイキョウ）、フェンネルを小茴香（ショウウイキョウ）と呼ぶこともあります。

一育て方一

日当たりと水はけのよい場所を好み、風通しのよい場所で育てます。耐暑性も耐寒性もやや強いので地植えで栽培できます。移植を嫌うので、植え替えはなるべく避けて。乾燥しないようこまめに水をやり、花が咲いたら早めに刈り取ると、葉の収穫時期が長くなります。10〜11月に全体を切り戻すと、株が大きく育ちます。2m程度まで大きくなり、倒れそうになったら、茎を傷つけないように支柱を立てるか土寄せを行います。

一楽しみ方一

- 魚料理との相性がよいので、カルパッチョなどに。ハーブビネガーやハーブオイル、ハーブバター、ピクルスなどに。
- 黄色の花は非常に甘く、水や炭酸水に入れるとほのかな香りを楽しめます。

コモンヤロウ

—特徴—

「兵士の傷薬」という別名もあるように、古くから止血の外用薬として使われてきたハーブ。花の形態は散房花序といわれるもので、花のひとつひとつは小さいですが、真上から見るとまるで大輪の花のよう。夏の間も花を楽しめます。茎は木質化しているかのようにかたくまっすぐですが、長い楕円形の葉はやわらかく、レースのように繊細な形状をしています。這うように伸びて群生するので、グランドカバーとしても使えます。

—育て方—

日当たりを好みますが、半日陰でも育ちます。ただし、あまり日当たりが悪いと花が咲きません。風通しのよいところに置き、乾燥気味の土を好みますが、夏は水切れに注意しましょう。繁殖力が旺盛なので、どんどん広がっていきます。花を楽しんだら花茎を根元から切り取りましょう。

—楽しみ方—

・花や葉は乾燥させてハーブティーに使えます。
・幸運を招くハーブともいわれているので、フレッシュブーケをプレゼントに。そのまま乾燥させてドライブーケにしてもきれいです。

学名	*Achillea millefolium*
科名	キク科
原産地	ヨーロッパ、アジア、南米
別名	セイヨウノコギリソウ（和名）、アキレア
分類	多年草
性質	耐寒性

	1月	2月	3月	4月	5月	6月	7月	8月	9月	10月	11月	12月
種まき												
植え付け				■	■				■	■		
収穫				■	■	■	■	■	■	■	■	
開花					■	■	■	■				
作業								株分け	■	■	■	

エキナセア

特徴

北米の先住民が薬用として使用していたともいわれる、免疫力アップのメディカルハーブ。観賞用の園芸種も多く出回っています。花の中心部が球状に大きく盛り上がり、その周りに細長い花弁が放射状に広がるのが特徴。くっきりした花姿で存在感があり、花の観賞期間が長いので、夏の花壇の彩りに重宝します。切り花にも利用され、花後も球状の形が長く残りドライフラワーにもなります。

育て方

寒さや暑さにも強く、日当たりと水はけのよい場所を好みます。基本的には土が乾くまでは水やりをしない方が元気に育ちます。株を植えた直後の根が定着するまでの間と、真夏の暑い時期は、朝と夕方の涼しい時間帯に水やりをしましょう。比較的土壌を選ばず、よく育ちます。

花が咲いたら、早めに花茎の根元から切り戻すことにより、花を長く楽しめます。株分けで増やす際は3～4月に、2～3株に分けて植え替えます。

楽しみ方

- ドライにしてアルコールにつけたチンキは、湯に溶かして飲用すると、風邪予防やうがい薬に。ドライにしたものをすりつぶして、パウダーにして飲んでもよいでしょう（P.49）。
- フレッシュブーケを作ったり、乾燥させてドライフラワーにしたり。花びらが枯れ落ちて、芯の部分だけになってもかわいい。

学名	*Echinacea purpurea*
科名	キク科
原産地	北米東部
別名	ムラサキバレンギク（和名）、パープルコーンフラワー
分類	多年草
性質	耐寒性

	1月	2月	3月	4月	5月	6月	7月	8月	9月	10月	11月	12月
種まき												
植え付け												
収穫												
開花												
作業		株分け										

ラムズイヤー

特徴

人気の理由はその特徴的な葉。厚みがありふわふわとしたやわらかな乳白色の毛で覆われています。子羊の耳のような感触から、この名前がつけられたともいわれています。葉の中心部から茎が直立に伸び、茎の先端に、紫やピンクの淡い色の花を咲かせます。シルバーリーフのひとつとして、シックで落ち着いたガーデンのアクセントに。横に這っていくのでグランドカバーにも使えますが、背丈は30cm～1mに生長します。

育て方

寒さには強く、蒸れに弱い傾向にあります。日当たりと水はけがよく、風通しのよい場所を好みます。水は土が乾いたら適度にあげましょう。梅雨時期の高温多湿に非常に弱く、根元付近の葉が腐ってきたらこまめに葉を取り除くこと。また、花が咲いたら収穫をかねて花茎を根元から切ると、株が大きく生長します。

楽しみ方

- 葉を観賞やクラフトに利用します。乾燥させると白くなり、ドライフラワーやリースのアクセントにも使えます。
- ブーケの外側に使用すると、こんもりとした形になり、ほかの植物を引き立たせます。寄せ植えのアクセントにもなります。

学名	*Stachys byzantine*
科名	シソ科
原産地	アジア中部～東アジア、イラン
別名	ワタチョロギ（和名）
分類	多年草
性質	耐寒性

	1月	2月	3月	4月	5月	6月	7月	8月	9月	10月	11月	12月
種まき												
植え付け												
収穫												
開花												
作業		株分け						株分け				

ルー

学名	*Ruta graveolens*
科名	ミカン科
原産地	ヨーロッパ南東部
別名	ヘンルーダ
分類	多年草
性質	耐寒性

	1月	2月	3月	4月	5月	6月	7月	8月	9月	10月	11月	12月
種まき												
植え付け				■	■				■	■		
収穫					■	■	■	■	■	■	■	
開花						■	■					
作業				挿し木	■	■		挿し木	■	■		

特徴

高さ1m近くに生長し、初夏には愛らしい黄色の花を咲かせ、花後に実をつけます。葉には花と違った強い香りがあり、殺菌・防虫効果があります。中世ヨーロッパでは、伝染病などに有効な家庭薬として欠かせない植物であったといわれています。非常に育てやすく、害虫からほかの植物を守ってくれるため、コンパニオンプランツにも向いています。

育て方

日当たりがよく、乾燥気味な場所を好みます。土は選ばないので、どこでも育てやすいです。梅雨前に混み合った株の枝を剪定し、風通しをよくしておくと蒸れを予防できます。剪定して株の形や高さを自由に整えましょう。切った枝は挿し木にして増やすこともできます。

楽しみ方

- 独特の強い香りがあるので、植えておくと虫よけにもなります。葉は乾燥させてサシェにして防虫剤に。
- 花も葉も見た目がかわいらしく、ブーケ作りに欠かせない花材です。ただし、葉から出る汁に触れるとかぶれることがあるので気を付けましょう。

ベルガモット

学名	*Monarda didyma*
科名	シソ科
原産地	北米東部
別名	タイマツバナ（和名）、モナルダ、ビーバーム
分類	多年草
性質	耐寒性

	1月	2月	3月	4月	5月	6月	7月	8月	9月	10月	11月	12月
種まき												
植え付け				■	■	■						
収穫					■	■	■					
開花					■	■	■					
作業			■ 挿し木・株分け	■	■	挿し木・株分け			■	■		

特徴

花丈は高くなり、花壇の後方に植えると見栄えがよいので、花を楽しむガーデンに人気。性質は強く、植えっぱなしで大株になります。ミカン科のベルガモットと香りが似ていることから、ベルガモットと呼ばれるほか、ビーバームという別名も。これは、甘い香りや蜜でミツバチを引き寄せる蜜源植物であることを意味します。最近は品種改良が進み、赤、白、ピンク、紫などたくさんの色があります。

育て方

暑さ寒さに強い品種で、日当たりと風通しのよい場所を好みます。水は乾いたらたっぷりとあげましょう。極端な乾燥には弱いので水切れしないように注意します。鉢でも育てられますが、背丈が高くなるためどちらかというと地植え向き。高温多湿に弱いので、剪定して蒸れないようにします。花が咲いたら随時収穫を行い、花が終わったら、晩秋に地際でカットします。挿し木でも増やせます。

楽しみ方

- 主に観賞用のハーブで、フレッシュブーケなどに使います。
- 葉はベルガモットの香りに似ているので、ドライにした葉を紅茶の茶葉と混ぜるとアールグレイティーのような風味に。

オックスアイデージー

	1月	2月	3月	4月	5月	6月	7月	8月	9月	10月	11月	12月
種まき												
植え付け			■	■					■	■		
収穫				■	■	■						
開花				■	■	■						
作業		株分け	■	■				株分け	■	■		

学名	*Leucanthemum vulgare*
科名	キク科
原産地	ヨーロッパ
別名	フランスギク（和名）
分類	多年草
性質	耐寒性

―特徴―

ヨーロッパ原産の多年草で、観賞用の人気品種・シャスターデージーの交配元になった花。キク科のマーガレットによく似た、直径6cmほどの花を咲かせます。直立に茎が伸びる草姿で、大きくなると大人の腰の高さにまでなり、花壇の中央や後方のアクセントになります。純白な花は清潔感をもたらし、また何色の花とでも合わせられます。

―育て方―

比較的育てやすい植物で、ガーデニング初心者の方にもおすすめ。水はけのよい場所を好みますが、基本的には土壌を選ばす、さまざまな環境で育ちます。水やりは土の表面が乾いてから行うとよいでしょう。花が咲いたら、花茎の根元から切り戻すことにより、花を長く楽しむことができます。秋に入ったら地際付近で切り戻すと株が若返り、冬に栄養を蓄えます。株分けで増やせます。

―楽しみ方―

- 花が咲いたら収穫して、切り花やブーケに。
- やわらかい新芽はサラダに利用できます。

アジュガ

	1月	2月	3月	4月	5月	6月	7月	8月	9月	10月	11月	12月
種まき												
植え付け			■	■	■	■			■	■	■	
収穫				■	■	■						
開花				■	■	■						
作業		株分け	■	■				株分け	■	■		

アジュガ チョコレートチップ

学名	*Ajugareptans*
科名	シソ科
原産地	ヨーロッパ〜アジア
別名	セイヨウキランソウ（和名）、ジュウニヒトエ（和名）、アユガ
分類	多年草
性質	耐寒性

―特徴―

最も有名なグランドカバーのひとつ。変化に富んだ葉色の美しさも魅力で、ライムグリーンやブロンズ色のほか、白やピンクの斑入りなど種類もいろいろ。花壇や寄せ植えのアクセントとして取り入れると独特な存在感を放ちます。人気品種のチョコレートチップは深みのあるチョコレート色の葉が特徴で、春には地面が覆われるほどたくさんの花を咲かせます。葉は暖かい時期には緑色が強く、寒くなるとチョコレート色が濃く出ます。春に長さ15cm程度の花茎が立ち上がり、青紫色の可憐な花を穂状につけます。

―育て方―

日向から半日陰で、風通しと水はけのよい場所を好みます。木の下や日当たりの悪い場所でもよく育ちます。4〜6月上旬に花が終わったら、根元から切り戻しましょう。繁殖力が高く、春と秋に株分けができます。夏は水切れに注意すること。耐寒性があるので冬越しも可能です。

―楽しみ方―

- 主に観賞用として、グランドカバーや通路の脇の狭い場所などに植えるとよいでしょう。
- 花茎が15cmほどになったら収穫してタッジーマッジーに。

メキシカンブッシュセージ

	1月	2月	3月	4月	5月	6月	7月	8月	9月	10月	11月	12月
種まき												
植え付け			■	■								
収穫									■	■	■	■
開花									■	■	■	
作業												

学名	*Salvia leucantha Cav*
科名	シソ科
原産地	アメリカ〜メキシコ
別名	アメジストセージ、ベルベットセージ
分類	多年草
性質	半耐寒性

―特徴―

シルバーグリーンの葉と、秋から咲くビロードのような光沢のある紫色の花から、アメジストセージとも呼ばれます。主に観賞目的で植えられます。花色は白やピンクもあり、風に揺れる姿は野性的で存在感があります。草丈は高くなるので、庭に植える際は壁際や後方に置くとよいでしょう。

―育て方―

日当たりと風通しがよい場所を好みます。比較的乾燥を好むので、水はけのよい土に植えます。湿気が多いと根腐れを起こしやすくなるので気を付けて。生育旺盛で株が早く大きくなるので、収穫をかねて適宜切り戻し、必要に応じて支柱を立てるか土寄せを行ってください。伸びすぎると株元の方が木化します。冬は地上部が枯れてしまうので、冬越しのため、11～12月に地上から10～15cmまで切り戻し、霜よけをしてください。春になると新芽が出てきます。

―楽しみ方―

・観賞用に適したハーブ。フレッシュブーケ、ドライフラワー、ポプリに使います。リースの材料にも使えます。

チェリーセージ

	1月	2月	3月	4月	5月	6月	7月	8月	9月	10月	11月	12月
種まき												
植え付け				■	■				■	■		
収穫					■	■	■		■	■	■	
開花					■	■	■		■	■	■	
作業												

学名	*Salvia microphylla Kunth*
科名	シソ科
原産地	アメリカ〜メキシコ
別名	サルビア・ミクロフィラ
分類	多年草（宿根草）
性質	半耐寒性

―特徴―

野草のような自然な雰囲気をもち、ナチュラルスタイルのガーデンによく用いられます。葉はフルーツのような香りがして、花は控えめな印象。赤やピンクに白が混ざった舌状花を穂状に咲かせます。背丈は1mほどに伸び、地植えにすると自然に増えて育ち、挿し木で増やすことができます。サルビア・ミクロフィラとサルビア・グレッギー、そしてその交配種がチェリーセージの名で出回っており、多くの園芸品種があります。

―育て方―

日当たりと風通しのよい場所、水はけのよい土を好みます。日照不足になると花付きが悪くなります。数年たつと大株になるので、隣の植物との株間は余裕をもって植えましょう。花は下から上に咲き始めるので、上まで咲いたら、収穫、切り戻しをしましょう。その際は株の形を整えながら行います。

―楽しみ方―

・フレッシュブーケに取り入れると、いい香りが漂いアクセントにもなります。押し花アートやドライフラワーにも。

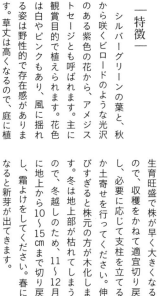

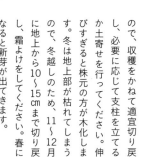

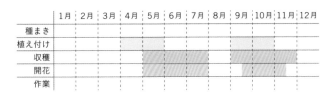

レモングラス

学名	*Cymbopogon citratus*
科名	イネ科
原産地	インド
別名	レモンガヤ（和名）、インドレモングラス
分類	多年草（宿根草）
性質	非耐寒性

	1月	2月	3月	4月	5月	6月	7月	8月	9月	10月	11月	12月
種まき												
植え付け					■	■	■					
収穫							■	■	■	■	■	
開花												
作業			株分け	■	■	■			株分け	■	■	

特徴

ショウガのようなスパイシーさとレモンのようなさわやかさが特徴のハーブです。東南アジアではとても有名で、タイの代表的なスープ、トムヤムクンの風味付けには必須。葉よりも茎の根元の方が香り高く、つぶしたり細かく刻んだりして料理に使われます。葉はススキやカヤに似ており、草丈は1m近くに。大きくなることを考えて植え付け場所を選び、隣の植物との間隔は広めにとりましょう。

育て方

土は特に選ばず、丈夫で育てやすいハーブのひとつ。日当たりと風通しのよい場所で、水はけのよい土を好みます。鉢植えでも地植えでも栽培可能です。夏は乾燥して葉が茶色くなることがあるので、水はたっぷりと。耐寒性は低いため、暖かい地方では地植えで越冬できることもありますが、寒冷地では鉢に植え替え、冬場は室内で越冬させるなどの防寒をします。株分けで増やすこともできます。

楽しみ方

- 茎ごと収穫し、トムヤムクンなどのスープの香り付けにするほか、米と一緒に炊いてもおいしい（P.95）。
- 葉はハーブティーにしても（P.30）。刻んで乾燥させて保存すると長く楽しめます。

ヘメロカリス

学名	*Hemerocallis*
科名	ユリ（ワスレナグサ）科
原産地	アジア東部
別名	デイリリー
分類	多年草（宿根草）
性質	耐寒性

	1月	2月	3月	4月	5月	6月	7月	8月	9月	10月	11月	12月
種まき												
植え付け			■	■					■	■		
収穫					■	■	■					
開花					■	■	■					
作業								株分け	■	■		

特徴

草丈は30〜90cmで、花壇の中段〜後段に向いています。花姿はユリに似て、花茎の頂部で開花。花色は赤、ピンク、オレンジ、黄色、白、複色などがあり、葉に斑が入る品種もあります。開花したら1日でしぼんでしまう「一日花」のため、デイリリーという別名も。その代わり1本の花茎に10〜30個のつぼみをつけ、次から次へと咲くため、開花期が長いのも魅力です。品種によって早咲きタイプや遅咲きタイプがあり、開花期にずれがあるので、品種違いで開花リレーをさせて、長く楽しむこともできます。

育て方

暑さや寒さに強く、丈夫で育てやすい性質。日当たりと水はけのよい場所を好みます。水やりは、夏は表面が乾いたら、冬は控えめに。半日陰でも育ちますが、日当たりがよい方がたくさん花を咲かせます。真夏は暑さで弱ることがありますが、耐寒性があるので冬の寒さには強く、そのまま冬越しができます。つぼみがなくなったら花茎の付け根から切り戻します。切り戻しと株分けは、花が終わってからの9〜10月上旬が適期です。

楽しみ方

- 主に観賞用として楽しみます。

サントリナ

	1月	2月	3月	4月	5月	6月	7月	8月	9月	10月	11月	12月
種まき												
植え付け				■	■							
収穫					■	■	■	■	■	■	■	
開花					■	■	■					
作業				挿し木	■				挿し木	■		

サントリナシルバー

学名	*Santolina chamaecyparissus*
科名	キク科
原産地	地中海沿岸
別名	ワタスギギク（和名）、コットンラベンダー
分類	常緑低木
性質	耐寒性

特徴

草姿がラベンダーに似ているため、コットンラベンダーとも呼ばれます。葉は銀灰色で細かくふわふわとした印象で、独特の芳香があります。葉の色はシルバーのほかグリーンもあり、花壇のアクセントとして重宝されています。花は黄色で小さな球状のものがたくさん咲き、ドライにしても黄色い花色やシルバーグレーの葉色が残ります。

育て方

日当たりがよく水はけのよい場所を好みます。葉が伸びてきたら、円形に刈り込むとこんもりした形に整います。蒸れに弱く過湿を嫌うので乾燥気味に育て、混み合っている枝をすくように切り、風が通るようにしましょう。梅雨前に剪定を行うことが大切です。株は2年目以降大きくなるので、株の間を広くとっておきましょう。挿し木などで増やせます。

楽しみ方

- 切り花を楽しむほか、ドライフラワーとして飾っても。黄色とシルバーの組み合わせで部屋を明るくします。
- 消毒や虫よけ、殺虫作用があるため、防虫用のサシェやポプリなどに使います。縁側などにぶら下げても。

コモンセージ

	1月	2月	3月	4月	5月	6月	7月	8月	9月	10月	11月	12月
種まき												
植え付け			■	■	■	■					■	
収穫					■	■	■	■	■	■	■	
開花						■	■					
作業			株分け	■	挿し木	■				挿し木	■	

学名	*Salvia officinalis*
科名	シソ科
原産地	ヨーロッパ〜アジア
別名	ヤクヨウサルビア（和名）
分類	常緑低木
性質	耐寒性

特徴

ヨーロッパ地中海原産のシソ科のハーブ。免疫力を助ける薬草や香辛料として活用され、メディカルハーブとして重宝されてきました。一般的にセージといえばコモンセージのことで、初夏に咲く紫色の花やシルバーグリーンの葉が美しく、観賞用としても利用されています。ほかにも、トリカラーセージ、パープルセージなど葉の色が特徴的な品種もあり、ガーデニングのアクセントになります。

育て方

日当たりがよく水はけのよい場所を好みます。多湿に弱いので、乾燥気味に育てます。土の表面が乾いてきたら水をたっぷりと与えましょう。梅雨の時期に開花した枝は早めに切り戻し、混み合ったところはすくようにすると生育がよくなります。定期的に剪定をすることでしっかりとした茎となり、葉数が多くなります。花は2年目以降から楽しめます。

楽しみ方

- 料理の臭み消しに使われます。肉料理との相性がよく、脂が強い料理をさっぱりと仕上げます。刻んでひき肉に練り込んだり、煮込み料理やフリットにしたり。
- ドライブーケにしても。

ローズマリー

学名	*Rosmarinus officinalis*
科名	シソ科
原産地	地中海沿岸
別名	マンネンロウ（和名）、ロスマリヌス
分類	常緑低木
性質	耐寒性

ローズマリー プロストレイト

プロストレイト＝這うという意味の品種。葉は短めで小さく、枝を曲げながら横に伸びていく。

ローズマリー トスカナブルー

立性でまっすぐ上に伸び、葉は長めでやや幅広い。料理によく使われるほか、リースを作りやすいのもこの品種。

	1月	2月	3月	4月	5月	6月	7月	8月	9月	10月	11月	12月
種まき												
植え付け			●	●	●				●	●	●	
収穫	●	●	●	●	●	●	●	●	●	●	●	●
開花	●	●	●	●	●	●			●	●	●	●
作業			挿し木	●	●	●		挿し木	●	●		

特徴

力強い香りの葉をもつ常緑低木で、花色、葉色などの種類が豊富。立性、ほふく性、その中間の半ほふく性があります。いずれも常緑で、品種によっては秋から春までたくさんの小さな花が咲き続けます。立性で大きく育つものは高さ1m以上に伸び、シンボルツリーにもなりますが、支柱に誘引して好みの形に仕立てることもできます。ほふく性はハンギング仕立て、グランドカバーなどにも利用できます。

育て方

日当たりがよく水はけのよい場所を好みます。蒸れに弱く、梅雨の時期は弱りやすいので、収穫をかねてすくように刈り込み、風通しをよくしましょう。刈り込みの際は、元木を傷つけないように気をつけて。簡単に挿し木ができます。

楽しみ方

- 肉料理やいも類との相性がよく、ソテーや煮込みに香り付けとして使うのがおすすめ。フォカッチャなどに刻んで練り込んでもよいでしょう。ハーブバターやハーブソルト、ハーブオイルにも使われます。
- アルコールにつけてチンキ（P.48）にしても。

タイム

レモンタイム
その名の通りレモンのような香りが特徴で、ハーブティーによく使われる。薄ピンクの花を咲かせる。

学名	*Thymus* spp.
科名	シソ科
原産地	地中海沿岸
別名	コモンタイム……タチジャコウソウ（和名）、クリーピングタイム……ワイルドタイム、レモンタイム……タイム・シトリオドラス
分類	常緑低木
性質	耐寒性

特徴

立性のコモンタイムやレモンタイム、這うように広がるクリーピングタイムなど、品種が豊富。香りは品種によって異なり、柑橘系の香りから甘い香り、清涼感のあるものまでさまざまです。殺菌・防腐効果が高く、古くから薬草として利用されてきました。小さなかたい葉が密生し、常緑性で花も美しいので、寄せ植えやグランドカバーとして重宝されています。

育て方

やや乾燥気味の土を好みます。春から夏にかけては生育が特に旺盛で、高温多湿を嫌うので水のやりすぎに注意し、乾いたらあげるようにしましょう。また、定期的に枝を切り、風通しをよくしましょう。冬前に刈り込みを行うと、春にまた大きく生長をします。挿し木や株分けで簡単に増やせます。

楽しみ方

- 魚との相性がよく、魚のハーブともいわれています。煮込み料理や香草焼き、ムニエルにもおすすめ。オイル漬けやビネガー漬け、ブーケガルニにして香りを楽しみます。
- コモンタイムやレモンタイムはハーブティーにも。
- チンキ（P.48）にしてうがい薬にするか、少量を飲用しても。リースやブーケのアクセントにも使えます。

コモンタイム
代表的な品種で料理によく使われる。紫がかった白い花も緑の葉も刺激的な清涼感がある。

クリーピングタイム
グランドカバーとして使われる品種。ガーデンの手前に植えると、むき出しの土を美しく隠してくれる。

	1月	2月	3月	4月	5月	6月	7月	8月	9月	10月	11月	12月
種まき												
植え付け			■	■					■	■	■	
収穫				■	■	■	■	■	■	■	■	
開花				■	■	■						
作業			株分け		挿し木				挿し木			

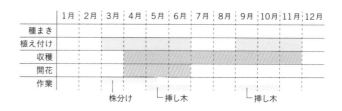

ラベンダー

ラベンダー グロッソ（ラバンディン系）

学名	*Lavandula* spp.
科名	シソ科
原産地	地中海沿岸
分類	常緑低木
性質	耐寒性〜非耐寒性

	1月	2月	3月	4月	5月	6月	7月	8月	9月	10月	11月	12月
種まき												
植え付け			■	■								
収穫						■	■					
開花						■	■					
作業				挿し木	■	■			挿し木	■		

特徴

心身をリラックスさせる代表的なハーブで、紫色の花と心地よい香りが魅力。花壇に群生させると絵になります。多くの系統があり、コモンラベンダーとスパイクラベンダーの交雑種をラバンディンと呼びますが、この系統は比較的暑さに強い性質をもち、花も香りもすぐれているので、暖地で楽しむにはおすすめ。ほかに、薄紫色の苞がリボンのように目立つフレンチラベンダーや、暖地であれば冬も開花する四季咲き性のデンタータラベンダーなどもあります。

育て方

日当たりがよく水はけのよい場所を好みます。高温多湿に非常に弱いので、風通しのよい場所に植えましょう。花穂を早めに切り戻し、冬前に伸びた茎を剪定するのがポイントです。収穫を繰り返すことにより、花がよく咲き、株も大きくなります。挿し木で増やせます。

楽しみ方

- 乾燥させてポプリやサシェ（P.45）に。ドライブーケやフレッシュブーケにも。
- ハーブティーにブレンドすると、やさしい香りがアクセントに。

カレープラント

学名	*Helichrysum italicum*
科名	キク科
原産地	ヨーロッパ南部 地中海沿岸
別名	イモーテル、エバーラスティング
分類	常緑低木
性質	耐寒性

	1月	2月	3月	4月	5月	6月	7月	8月	9月	10月	11月	12月
種まき												
植え付け				■	■				■	■		
収穫					■	■	■	■	■	■		
開花							■	■	■			
作業				挿し木	■	■		挿し木	■	■		

特徴

茎葉からカレースパイスのような芳香を放つハーブ。カレーの香りがしますが、カレー粉の原料ではなく、料理の風味付けやポプリに使われます。シルバーの繊細な葉はカラーリーフとして、グランドカバーや花壇のアクセントとして使われます。夏に咲く黄色い小さな花はドライフラワーにも。ドライにしても長い間色あせず、形も崩れないことから、エバーラスティング（＝永遠の）やイモーテル（＝不滅の）とも呼ばれます。

育て方

蒸れに弱く、過湿を嫌うので、乾燥気味に育てます。混み合っている枝をすくように切り、風が通るようにしましょう。梅雨前に剪定を行うことが大切で、新しい枝を更新させるため、丈を半分くらいに刈り込んでもよいでしょう。生育期間中に茎の先を切ると、脇芽が出て枝数が増えます。植え付け直後はしっかり水やりをしてください。増やし方は春か秋に挿し木で。

楽しみ方

- フレッシュブーケやドライブーケ、リースの彩りに。
- 殺菌・消臭効果を生かしてサシェなどにも使えます。

センテッドゼラニウム

	1月	2月	3月	4月	5月	6月	7月	8月	9月	10月	11月	12月
種まき												
植え付け			■	■	■				■	■		
収穫				■	■	■	■	■	■	■	■	■
開花				■	■	■	■	■	■			
作業			挿し木	■	■	■		挿し木	■	■		

ローズゼラニウム

学名	*Pelargonium graveolens*
科名	フウロソウ科
原産地	南アフリカ
別名	ニオイテンジクアオイ（和名）
分類	常緑低木
性質	非耐寒性

―特徴―

センテッドゼラニウムは、ペラルゴニウム属の中でも葉に芳香がある品種のこと。香料や香辛料に利用するために品種改良され、花を観賞する園芸用のゼラニウムと区別しています。バラの香りがあり、切れ込みのある葉が特徴のローズゼラニウムのほか、フルーツのような香りをもつものなどさまざまな種類があります。開花期は主に春から初夏ですが、一部に四季咲き性の品種もあります。

―育て方―

日当たりと風通しのよい場所を好みます。過湿を嫌うので、水やりは乾いたら与える程度でよいでしょう。非常に寒さに弱いので、庭に植えている場合は冬の前に鉢やプランターに移すか、霜が当たらない場所に植えましょう。生育旺盛なので、株が乱れてきたら随時剪定して形を整えるのがポイントです。挿し木で簡単に増やせます。

―楽しみ方―

- 基本的には観賞用。花や葉はブーケを作る際、外側に置くとボリュームが出てこんもりとした形を作れます。
- 生の葉や乾燥した葉をジャムの香り付けやデザートなどに利用します。花もエディブルフラワーとして使えます。

ココナッツゼラニウム

	1月	2月	3月	4月	5月	6月	7月	8月	9月	10月	11月	12月
種まき												
植え付け			■	■	■							
収穫					■	■	■	■	■	■		
開花					■	■	■		■	■		
作業			挿し木	■	■	■						

学名	*Pelargonium grossularioides*
科名	フクロソウ科
原産地	南アフリカ
別名	バルサムゼラニウム
分類	常緑低木
性質	半耐寒性

―特徴―

センテッドゼラニウムの一種ですが、センテッドゼラニウムとは違い四季咲き性で、春と秋に開花します。ほふく性で、茎は50㎝くらいに伸びることがあります。その名の通り、葉に触れるとココナッツのような香りが漂うため、玄関先などの接触の多い場所に植えるとよいでしょう。グランドカバーに利用されることもあります。繁殖力旺盛で、どんどん増えていきます。

―育て方―

日向から半日陰に置くと最もよく生長し、たくさんの花を咲かせます。水はけがよい場所を好みます。夏の暑さに耐えられる一方で、長雨によるジメジメとした過湿が苦手。粘土質の土壌は根腐れや葉の腐敗を招き、生育不良に陥りやすいため避けてください。また冬の寒さも苦手なので、越冬する際は管理に注意が必要です。地植えしている場合は一度根付くと水やりは基本的に不要で、降水のみで育てられます。一般的に挿し木で増やせます。

―楽しみ方―

- 基本的には観賞用。花や葉はブーケを作る際、外側に置くとボリュームが出てこんもりとした形を作れます。

レモンバーベナ

特徴

レモンの香りに似たすがすがしい香りがする落葉低木で、切り戻しや剪定を繰り返すことで、株が毎年大きくなります。明るいライムグリーンの葉がさわやかで、夏に咲く白い小花もかわいらしい。フランスでは「ベルベーヌ」の名前で親しまれ、食後に飲むハーブティーとして有名です。ハーブの初心者にも受け入れられやすく、乾燥しても香りが続くため、ポプリやサシェなどにもよく使われます。

楽しみ方

・シングルハーブティーでも非常に甘くさわやかな香りになります。焼き菓子やゼリーなどの香り付けにも。
・ポプリやサシェなどに。乾燥させても香りが長くもちます。

育て方

日当たりがよく風通しがよい場所を好みます。寒さには弱いので、寒冷地では冬は室内で管理を。庭に植える場合は、強風で枝が折れないように冬前に半分程度に切り戻し、刈り草や藁などで株元をマルチングして霜が当たらないようにしましょう。

極端に乾燥して水切れを起こすと、葉が茶色くなるなどのサインを出します。土の表面が乾いてきたらたっぷりと水やりをしましょう。挿し木で増やせます。

学名	*Aloysia citrodora*
科名	クマツヅラ科
原産地	アルゼンチン
別名	コウスイボク（和名）、レモンバビーナ、ベルベーヌ
分類	落葉低木
性質	半耐寒性

	1月	2月	3月	4月	5月	6月	7月	8月	9月	10月	11月	12月
種まき												
植え付け				■	■							
収穫				■	■	■	■	■	■			
開花						■	■	■				
作業			挿し木				挿し木					

ミニトマト

	1月	2月	3月	4月	5月	6月	7月	8月	9月	10月	11月	12月
種まき												
植え付け												
収穫												
開花												
作業			支柱立て・脇芽摘み									

学名	*Solanum lycopersicum*
科名	ナス科
原産地	南米アンデス山脈高原地帯
別名	アカナス（和名）
分類	一年草
性質	非耐寒性

特徴

実の色や大きさが豊富で、栄養価も高いトマトは、特に人気のある夏野菜。皮が薄く酸味が少ないピンク系と、皮が赤くうまみが強い赤系のトマトがあります。トマトを生で食べることが多い日本ではピンク系が主流。赤系は味が濃く、加熱するとうまみが増すのでソースなど加熱調理用に使われています。大きさは大玉系、ミディ系、ミニ系があり、家庭菜園ではミニトマトが育てやすい。色は赤だけでなく、黄色や緑、紫など多彩な品種があります。

育て方

強光を好み、風通しがよく、水はけのよい場所を好みます。次々と出てくる脇芽は小さいうちに取って主幹を太くし、支柱を立てて主幹が倒れないように誘引します。実が赤く完熟したら食べごろ。7～8月の夏いっぱい収穫を楽しめます。

楽しみ方

- トマトにはうまみ成分のグルタミン酸が含まれているので、料理の味を深めてくれます。果肉よりも種の周りのゼリー状の部分に多く含まれるので、トマトソースを作る時はそのまま入れましょう。

ナス

	1月	2月	3月	4月	5月	6月	7月	8月	9月	10月	11月	12月
種まき												
植え付け												
収穫												
開花												
作業				支柱立て								

学名	*Solanum melongena*
科名	ナス科
原産地	インド
別名	ナスビ（和名）
分類	一年草
性質	非耐寒性

特徴

淡泊でみずみずしい味わいが特徴のナス。日本では千年以上栽培されてきた野菜で、非常に多くの種類があり、地方によっては伝統野菜になっているなど、それぞれに特色があります。一般によく出回っている「卵形」や、それよりやや面長の「長卵形」のほか、丸形の「米ナス」、「賀茂ナス」、非常に長い「長ナス」、「大長ナス」、色の白いナスなどもあります。

育て方

ナスは水で作るといわれるくらい、生長には多くの水分を必要とします。株が生長して果実がつくと特に水が必要となるため、水切れに注意しましょう。苗を植え付けたら支柱を斜めに立て、枝分かれしたらもう1本支柱を立て、2～3本仕立てにして育てます。葉が混み合ってきたら適度に剪定して風通しをよくし、実に日が当たるようにします。夏から秋ごろまで次々に実をつけ、長く収穫を楽しめます。

楽しみ方

- 煮ても、揚げても、炒めてもおいしく、油との相性がよいです。
- 皮ごとこんがりと焼いて皮をむいた焼きナスは定番。浅漬けやぬか漬け、しば漬けなど漬け物にしてもおいしい。

ズッキーニ

	1月	2月	3月	4月	5月	6月	7月	8月	9月	10月	11月	12月
種まき												
植え付け					■							
収穫							■	■				
開花						■	■					
作業												

学名	*Cucurbita pepo*
科名	ウリ科
原産地	アメリカ〜メキシコ
別名	クルジェット、ズッキーナ
分類	一年草
性質	非耐寒性

―特徴―

夏野菜の定番品種として、日本でもよく栽培されるようになりました。クセがなく、火を通すとやわらかくジューシーになり、さまざまな料理に使えます。実の色はグリーンが一般的ですが、黄色い品種もあります。大きく横に広がる株になるので、ガーデンに植える際はスペースを広くとっておきましょう。雄花と雌花があり、実は雌花につきます。花がついた小さな実の部分は「花ズッキーニ」としてヨーロッパではよく食べられます。

―育て方―

暑さを好み、寒さに弱いので、植え付けは十分に気温が上がってから行います。畝に黒マルチや藁を敷くと地温が上がり生育がよくなります。根が浅いので、水切れには注意しましょう。確実に実をつけるために、最初の1果が採れるまでは人工授粉をするとよいでしょう。その後は自然に受粉します。茎が折れやすいので、むやみに動かさないように。

―楽しみ方―

- 輪切りにして両面を焼き、塩こしょうで。ラタトゥイユなどくたくたに煮てもおいしい。

ゴーヤ

	1月	2月	3月	4月	5月	6月	7月	8月	9月	10月	11月	12月
種まき												
植え付け					■	■						
収穫								■	■	■		
開花							■	■	■			
作業			ネット・支柱立て			■						

学名	*Momordica charantia*
科名	ウリ科
原産地	熱帯アジア
別名	(和名)ツルレイシ、(和名)ニガウリ
分類	一年草
性質	非耐寒性

―特徴―

ガーデニングでは「緑のカーテン」としてよく植えられるようになりました。実の収穫を主な目的とする品種には、葉が小さくあまり茂らないものもあるので、緑のカーテンに使うには緑陰になる葉の大きな品種を選びます。生長が早く驚くほどつるがよく伸びますが、関東近辺の寒さでは冬越しできないため、広がりすぎて困ることはありません。大きめのネットを壁にかけたり、支柱を立ててネットをかけたりしてつるを這わせます。

―育て方―

高温を好むので、植え付けは気温が十分に高くなってから行います。つるがどんどん伸びてくるので、ネットや支柱を立てて誘引します。本葉が5枚くらいのうちに摘芯すると、脇芽が伸びてその後は放っておいてもどんどん生育します。実がついたら緑色のうちに収穫して食べますが、そのまま置いておくと黄色に熟し、種の周りに赤い果肉がつきます。

―楽しみ方―

- 最もポピュラーなのはゴーヤチャンプルー（P.56）。薄切りにして炒めると、苦みが和らぎ食べやすくなります。そのほか、酢のものにしても、揚げてもおいしいです。厚めの輪切りにして肉詰めにも。

セネシオ

	1月	2月	3月	4月	5月	6月	7月	8月	9月	10月	11月	12月
種まき												
植え付け			■	■	■				■	■		
収穫												
開花						■	■	■	■	■	■	
作業			挿し木	■	■			挿し木	■	■		

セネシオ 美空鉾《みそらほこ》

学名	*Senecio antandroi*
科名	キク科
原産地	アフリカ、マダガスカル
別名	セネキオ
分類	常緑多年草
性質	耐寒性

特徴

夏の高温多湿は苦手で、夏と冬は休眠気味になる多肉植物。美空鉾は細長く肉厚のブルーグレイの葉が印象的で、白い粉を吹くのが特徴。葉は横には伸びず上に向かって伸びていきます。多肉植物にしては水を好みますが、多湿では根腐れするので注意。生育はゆっくりですが育てやすい品種です。茎が伸びた先に黄色い花を咲かせます。

育て方

屋外の明るい場所で育てます。夏の高温多湿が苦手なので、夏は雨も直射日光も当たらない風通しのよい涼しい場所に置きます。冬の寒さには比較的強いです。水はけのよい土を好むので、サボテンや多肉植物用の土を使うとよいでしょう。春と秋は表面の土がしっかり乾いたら、たっぷりと水やりをします。夏は表面の土が乾いて2〜3日してからたっぷりと、冬は厳冬期の1〜2月に休眠するので、乾燥気味に管理して月1回程度水やりをしましょう。

楽しみ方

- 花壇のアクセントになります。寄せ植えや日陰の庭でも活躍します。

エケベリア

	1月	2月	3月	4月	5月	6月	7月	8月	9月	10月	11月	12月
種まき												
植え付け		■	■	■	■				■	■		
収穫												
開花			■	■	■	■	■	■				
作業		挿し木	■	■	■			挿し木	■	■	■	

エケベリア 雪雛《ゆきびな》

学名	*Echeveria 'Yukibina'*
科名	ベンケイソウ科
原産地	メキシコ、アメリカ南部、南米北部
分類	常緑多年草
性質	耐寒性

特徴

メキシコなどの中南米に原種が自生する多肉植物で、多くの品種が流通しており、サイズもさまざま。気温の高い地域に自生しているため高温に強いですが、日本の高温多湿は苦手なので生育が緩慢になり、主に春と秋に生長します。見どころは晩秋から冬にかけての紅葉期。品種によって色づき方は異なりますが、秋にしっかり日に当てれば、葉の先端が赤やピンク色などに染まります。

育て方

日当たりがよく、水はけのよい土を好みます。蒸れに弱いため、高温多湿を避けましょう。春や秋の生長期には週に1〜2回、土が乾いたらたっぷりと水をやることで、しっかりとした株になります。夏は特に蒸れやすいため、6〜8月ごろまでは水やりを少なくします。水や肥料を与えすぎると紅葉が薄くなるので、12月から水やりを控えめにし、1〜2月は乾燥気味に管理して、月1回程度の水やりをしましょう。

楽しみ方

- 葉がポロッと取れやすいですが、そのまま土の上に置いておくと葉の付け根にある生長点から新芽が出てきて大きくなります。

4

Herb recipe

ハーブのレシピ

ミント&ローズマリー

ハーブの中では、特に香りが強いミントとローズマリー。繁殖力が旺盛なミントは、思い切って生の葉をたっぷりと料理に使ってみましょう。ローズマリーは葉がかたいので生食には向きませんが、香り付けには欠かせないハーブです。

ミントを使って

ミントシロップ

たくさん収穫できたらぜひ作りたいシロップ。先にミントの半量を煮出してエキスを抽出し、最後に刻んだ葉を加えてフレッシュな香りを残します。

材料（作りやすい分量）

ミント（太い軸は取り除く）……80g

砂糖……200g

1 ミントの半量を粗く刻む。

2 鍋に水250mℓと砂糖を入れて沸かし、刻んでいないミントを加えて弱火で5分ほど煮出す。

3 火を止めてから1を加えて(a)さっと混ぜ、蓋をして鍋底を氷水につけて急冷する。

4 冷めたら液をこして清潔なびんに詰め、冷蔵庫で保存する。

5 炭酸割りやモヒートにして飲む。かき氷のシロップにしても。

＊保存期間は2か月ほど。

a

ローズマリーを使って

レモンとローズマリーのサワードリンク

清涼感のある香りで、さっぱりしたい時に飲みたいドリンク。ローズマリーの風味がしっかりと移ったら葉は取り出してください。

材料（作りやすい分量）

レモン（防カビ剤やワックス不使用のもの）……2個（200g）

ローズマリー……8本

氷砂糖……300g

酢（穀物酢またはリンゴ酢）……2カップ

1 レモンは熱めの湯で表皮の汚れを洗い、水分を拭き取って乾かす。皮を薄くむいて取りおく（白いワタの部分は苦みのもとなのでなるべくつかないように）。果肉部分は白いワタをむき取り、1cm厚さの輪切りにする。

2 ローズマリーは洗ってペーパータオルなどで押さえて水気を取り、乾かす。

3 清潔なびんにレモンの皮と果肉、ローズマリー、氷砂糖を交互に入れる。酢を注ぎ入れて蓋をする。

4 氷砂糖が溶けるまで、毎日びんを揺する。2週間後くらいからが飲みごろ。

5 水や炭酸で割って飲む。

＊保存期間は3か月ほど。

ミントを使って

ラープ

ラープとは炒めたひき肉とハーブを合わせたタイのサラダ。現地では煎り米粉を使いますが、砕いたせんべいでもOK。たっぷりのミントのほか、パクチーやディルなども入れるとよりおいしいです。

a

材料（2人分）

豚ひき肉……150g
ミント（茎から葉をしごいて取る）……20g
紫玉ねぎ……1/4個
キャベツ……3〜4枚
塩せんべい……1〜2枚
A 酒、水……各大さじ1
　塩……ふたつまみ
B ナンプラー……大さじ1
　レモン汁……大さじ1
　砂糖……小さじ1/2
　にんにく（みじん切り）……小さじ1/4
　赤唐辛子（みじん切り）
　　……1/2本分（一味唐辛子でも可）

1 厚手のポリ袋に塩せんべいを入れ、すりこ木など叩いて粗く砕き、大さじ3を用意する。

2 紫玉ねぎは薄切りにする。キャベツは食べやすい大きさに切る。

3 ボウルに**B**を入れて混ぜ合わせる。

4 フライパンにひき肉と**A**を入れ、軽くほぐしてから中火にかけて炒める。火が通って水気が飛んだら**3**のボウルに加えて混ぜ合わせる。塩せんべいと紫玉ねぎを加え、ミントをちぎりながら加えて(a)和える。

5 器にキャベツと**4**を盛る。キャベツに**4**をのせて食べる。

オレガノ

オレガノは肉料理の臭みを消してくれるハーブで、トマトとの相性も抜群です。ややスパイシーですが、クセはなく食べやすいのも人気の理由。トマトベースの煮込みにぜひ入れてみてください。ドライにして保存してもよいでしょう。

ミートボールとミニトマトのオーブン焼き

刻んだオレガノをたっぷり加えた香りのよいミートボールを、相性のよいトマトと一緒にオーブン焼きにしました。焼いて崩れたトマトをソースにして、絡めて食べるとおいしいです。

a

材料（2人分）

合いびき肉……300g

オレガノ（茎から葉をしごいて取る）……1/2カップ（10g）

ミニトマト……12個

オリーブオイル……適量

A パルミジャーノレッジャーノ（すりおろす）……大さじ3
- にんにく（みじん切り）……1かけ分
- 塩……小さじ1
- 粗びき黒こしょう……少々
- パン粉……1/2カップ（20g）
- 卵……1個
- 牛乳……大さじ3

1 オレガノは粗く刻む。ミニトマトはヘタを取り、横半分に切る。

2 ボウルにひき肉、**A**、オレガノを入れて（a）粘りが出るまで混ぜ合わせる。10等分にし、空気を抜きながら丸める。

3 フライパンにオリーブオイルを入れて中火で熱し、**2**を入れて表面に焼き色をつける。

4 耐熱容器に**3**とミニトマトを並べ、200度に予熱したオーブンで8〜10分焼く。チーズをのせて焼いてもよい。

マジョラム

オレガノがワイルドマジョラムと呼ばれるのに対して、こちらはスイートマジョラムと呼ばれ、香りは似ていますが、よりやさしい香りで甘みがあります。使い方もオレガノと同様で、肉料理やトマト料理に幅広く使われます。

スティックフライドチキン

淡泊なささみにマジョラムの香りでアクセントをつけ、スティック状に揚げました。衣にヨーグルトを入れることで、ふんわりカリッとした不思議な食感に。肉に包まれたハーブが口の中でふわっと香ります。

材料(2人分)

鶏ささみ……4本(200g)

スイートマジョラム(茎から葉をしごいて取る)……2〜3本分

A ヨーグルト(無糖)……大さじ5
- 塩……小さじ1/2
- レモン汁……小さじ1/2
- にんにく(すりおろす)……少々

B 薄力粉……3/4カップ
- ベーキングパウダー……小さじ1/2
- パプリカパウダー……小さじ1/2
- 塩……小さじ1/2
- 黒こしょう……ふたつまみ

揚げ油……適量

マスタードソース
- 粒マスタード……大さじ1
- マヨネーズ……大さじ1
- レモン汁……小さじ1/2

1 ささみは筋を取って縦半分に切り、さらに切り込みを入れて開く。マジョラムの葉を挟んで閉じる(a)。

2 **B**を混ぜ合わせ、**1**にまぶしつけて余分な粉を落とす。

3 **A**を混ぜ合わせて**2**をくぐらせ、もう一度**B**に入れて粉をしっかりまぶしつける。2〜3分置いてしっとりしてきたら、さらに**B**に入れて粉をなじませ、余分な粉を落とす。

4 フライパンに揚げ油を深さ1cmほど入れ、180度に熱して**3**を入れる。時々返しながらカリッとするまで揚げる。

5 器に盛り、マスタードソースの材料を混ぜ合わせて添える。

チャイブ

ねぎの一種ですが香りは上品でやさしく、生食から加熱料理まで幅広く使えます。サラダに加えたり、スープに入れたり、薬味として使ったり。ポテトサラダやオムレツにも。甘みのある食材のアクセントになります。

ハムとチャイブのパテ

少しざらざら感が残るくらいのペースト状にしたハムに、酸味のあるサワークリームを混ぜ、たっぷりのチャイブを加えてさっぱりと仕上げました。クラッカーにのせてどうぞ。

a

材料（2人分）

ハム（ももなど脂身が少ない部位のものがおすすめ）……80g
チャイブ……20g
サワークリーム……100g
にんにく（すりおろす）……少々

1 チャイブは小口切りにする。
2 ハムはざく切りにしてからフードプロセッサーで粗く刻む。
3 2にサワークリームとにんにくを加え、ハムの粒が少し残るぐらいまでフードプロセッサーにかける。
4 3をボウルに入れ、チャイブを加えて（a）混ぜ込む。

ツナとじゃがいものサラダ

せん切りにしたじゃがいもは、さっと湯に通してシャキシャキ感を残すのがポイント。男爵よりもメークインの方が崩れにくくおすすめです。

材料（2人分）

じゃがいも（メークイン）……2個（240g）
チャイブ……20g
A レモンの皮（防カビ剤やワックス不使用のもの）……1/2個分
レモン汁……大さじ1
ツナ缶（オイル漬け）……1缶（70g）
エキストラバージンオリーブオイル……大さじ1
塩……小さじ1/3
粗びき黒こしょう……少々

1 じゃがいもは皮をむき、2～3mm幅のせん切りにしてたっぷりの水に10分ほどさらす。
2 チャイブは小口切りにする。
3 レモンは皮の黄色い部分をすりおろす（防カビ剤やワックス不使用のものがなければ入れなくても可）。ツナのオイルを切る。残りのAの材料とともにボウルに入れて混ぜ合わせる。
4 鍋にたっぷりの湯を沸かし、水気を切った1を入れる。少し歯応えが残る程度にゆでてザルに上げ、湯をしっかり切る。
5 4が熱いうちに3に加えて和える。粗熱が取れたらチャイブを加えて混ぜ、なじませる。

チャービルとマッシュルームのサラダ

生のマッシュルームを
おいしく食べるためのとっておきのサラダ。
材料を器にのせていくだけですが、
見た目は華やかで、
ワインのある食事シーンにもぴったりです。
器の中でさっと和えていただきます。

材料(2人分)

マッシュルーム(新鮮なもの)……10個
チャービル……適量
塩、粗びき黒こしょう……各少々
レモン汁……小さじ1
パルミジャーノレッジャーノ(すりおろす)……大さじ2〜3
オリーブオイル……大さじ1

1 マッシュルームはスライサーで薄く切り、皿にふんわりと盛る。

2 チャービルは茎を取り除く。

3 1に塩、黒こしょう、レモン汁をかけ、チャービル、パルミジャーノレッジャーノを散らす。オリーブオイルを回しかけ、さっと和えて食べる。

チャービル

チャービルは英語ですが、フランス語のセルフィーユとしても流通しています。上品な香りで葉はやわらかく、葉野菜のようなイメージでサラダなどに使うとよいでしょう。見た目もかわいらしいので、盛り付けの最後にふんわりとのせても。

バジル

初夏から秋にかけて大量に収穫できるハーブ。品種は多数ありますが、イタリア料理でよく使われるのはスイートバジルです。フレッシュな香りを楽しむには、生で食べるか加熱しすぎないことがポイント。

イタリアンすき焼き

和食のすき焼きに
トマトとバジルを入れてみたら、
さっぱりしてたくさん食べられることがわかりました。
バジルは加熱すると黒ずんでしまうので、
ちぎって加えたら早めに食べ、
追いバジルをしながら楽しみます。

材料（2人分）

牛肉（薄切り）……300g
バジル……たっぷり
トマト……大2個
玉ねぎ……大1個
にんにく……1かけ
赤唐辛子……1本
粗びき黒こしょう（好みで）……適量
オリーブオイル……適量
割り下（作りやすい分量）
酒、みりん、しょうゆ……各60mℓ

1 バジルは葉を摘む。トマトはくし形切り、玉ねぎは1cm幅の半月切りにする。にんにくはつぶす。赤唐辛子は半分にちぎって種を取る。牛肉は大きければ食べやすく切る。
2 割り下の材料を合わせる。
3 厚手のフライパンにオリーブオイル、にんにく、赤唐辛子を入れて弱火にかける。香りが立ったら玉ねぎを炒める。
4 玉ねぎが薄く色づいたら端に寄せ、トマトと牛肉の半量を入れて炒める。
5 トマトの縁が崩れてきたら、割り下適量を回し入れて強火にする。トマトが煮崩れて玉ねぎがとろりとしてきたら、割り下で味を調えてひと煮する。
6 バジルをちぎって散らし、好みで黒こしょうをふる。
7 具がなくなってきたら、牛肉とトマト、バジルを足し、割り下で味を調整しながら食べる。

セージ

独特な香りがあるセージですが、肉の臭み消しの効果があり、煮込み料理によく使われます。刻んでひき肉に混ぜてソーセージ風に焼いても。葉に衣をつけてフリットや天ぷらにしてもおいしいです。

a

豚肉とひよこ豆の煮込み

塩豚と玉ねぎを、少ない水分と調味料で蒸し煮にした料理。セージは、塩豚にする時の臭み消しに、また、煮込んで香りを移すために、さらに、生の香りをダイレクトに楽しむためにと、3回に分けて使うのがおいしさの秘訣です。

材料（作りやすい分量）

豚肩ロース肉（ブロック）……400g
セージ……2枝＋葉5枚
塩……小さじ2
玉ねぎ……2個（400g）
ひよこ豆（水煮）……1カップ
にんにく……2かけ
オリーブオイル……小さじ1
白ワイン……1/4カップ
酢……大さじ1
粗びき黒こしょう……少々

1 豚肉は8等分の角切りにし、セージの葉3枚とともにポリ袋に入れ、塩をもみ込んで空気を抜く。冷蔵庫でひと晩寝かせる。

2 玉ねぎは縦半分に切り、5mm幅の縦薄切りにする。にんにくはつぶす。

3 冷蔵庫から豚肉を取り出して常温に戻す。蓋ができる厚手の鍋にオリーブオイルを中火で熱し、豚肉の表面をこんがりと焼く。

4 玉ねぎ、にんにく、白ワイン、酢、セージ2枝を加えて火にかけ、煮立ったら蓋をし、ごく弱火で30分ほど煮る。ひよこ豆を加えて底からひと混ぜして、肉がやわらかくなるまでさらに30分ほど煮る（a）。

5 器に盛り、セージの葉2枚をせん切りにして散らし、黒こしょうをふる。

イタリアンパセリ

パセリ特有のほろ苦さがありますが、葉はカールパセリよりやわらかくて食べやすく、季節を問わず収穫できます。茎ごと刻んでサラダに混ぜると、青々しい香りに包まれ、レモンとの相性もよくさわやか。

イタリアンパセリとカリカリパン粉のパスタ

ゆで鍋は要らず、フライパンひとつで作れるパスタ。パスタにはたっぷりのイタリアンパセリとオリーブオイルを混ぜるだけ。アンチョビとにんにくのコクを含んだカリカリパン粉をふりかけて、味と食感のアクセントにしました。

a

材料(2人分)

イタリアンパセリの葉……1カップ
レモン……1/4個
スパゲッティーニ……160g
カリカリパン粉
- パン粉……1カップ
- にんにく(みじん切り)……1かけ分
- アンチョビ……4枚
- アンチョビのオイル＋オリーブオイル……大さじ4

粗塩……小さじ1
オリーブオイル……大さじ2

1 イタリアンパセリは粗みじん切りにする。レモンはくし形切りにする。

2 カリカリパン粉を作る。フライパンににんにく、アンチョビ、オイルを入れ、アンチョビをヘラで崩しながら弱火にかける。にんにくの香りが立ったらパン粉を入れてきつね色になるまで炒めて取り出す。

3 フライパンに700mℓの湯を沸かし、粗塩、オリーブオイル大さじ1と半分に折ったスパゲッティーニを入れ、くっつかないように時々混ぜながら袋の表示時間通りにゆでる。

4 湯が残っているようであれば捨て、イタリアンパセリとオリーブオイル大さじ1を加えて(a)和える。

5 **4**を皿に盛り、**2**をかける。レモンを搾り、全体をさっと混ぜて食べる。

ディル

繊細な香りと食感のハーブで、やわらかい葉の部分を刻むなどして生で使うことが多いです。魚料理によく使われるほか、きゅうりのピクルスに入れるのは定番。夏の暑さで枯れてしまうので、春から夏前まで楽しめます。

いわしのマリネ

脂ののったいわしを、さっぱりと香り豊かに食べられる料理。塩をまぶして氷水で締めてから酢につける、このひと手間が大切です。ピリッと辛い玉ねぎとディルの香りが、いわしをさらにおいしくします。

a

材料（作りやすい分量）

いわし（3枚おろし）……6尾
玉ねぎ……1/4個
ディルの葉……適量
塩……適量
酢……1/4〜1/2カップ
粒マスタード……大さじ1
レモン汁……小さじ2
エキストラバージンオリーブオイル……大さじ2

1 玉ねぎは繊維に沿って1mm幅の薄切りにする。水にさらして辛みが取れたらザルに上げ、ペーパータオルで包んで水気をしっかり取る。

2 いわしの両面にたっぷりの塩をふり、皮目を下にして20分ほど置く。塩を水で洗い流し、氷水に入れて手でざっとかき回して身を締め、ペーパータオルで押さえて水気をしっかり取る。

3 バットに**2**を並べて酢をひたひたに注ぎ、冷蔵庫に30分ほど置く。

4 いわしを酢から引き上げ、頭側から皮をはがす。バットに粒マスタードとレモン汁、いわしを入れてさっと混ぜ、冷蔵庫で1時間ほど置いて味をなじませる（a）。

5 皿に盛り、玉ねぎとディルをのせ、オリーブオイルをかける。

タイム

タイムには観賞用も含めてさまざまな品種がありますが、料理によく使われるのはコモンタイム。肉や魚の臭みを消し、煮込みに入れるとさわやかな香りが加わります。乾燥して保存しておくと便利です。

タイムとレーズンのチキンマリネ

玉ねぎと一緒に蒸し煮にした鶏肉はしっとりやわらか。

タイムの香りが食欲をそそります。

鶏肉のだしがしみた玉ねぎとともにレモン汁やビネガーでマリネし、味がなじんだらいただきます。

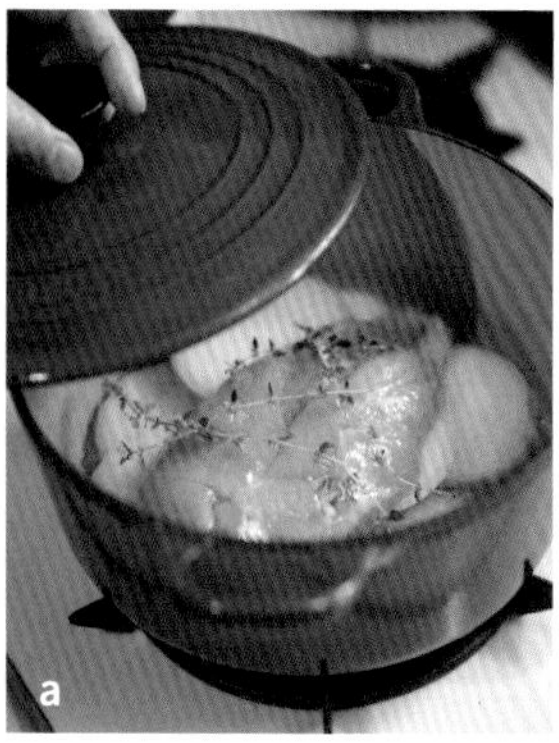

a

材料（作りやすい分量）

鶏むね肉……1枚（250g）

A 塩……小さじ1/2
　白ワイン……大さじ1

玉ねぎ……1個

タイム……6本

オリーブオイル……小さじ1

白ワイン……1/4カップと大さじ1

塩……適量

B レーズン……大さじ3
　レモン汁……大さじ1
　白ワインビネガー（または酢）……大さじ1
　オリーブオイル……大さじ2

1 鶏肉にAをもみ込み、1時間ほど置いて常温に戻す。
2 玉ねぎは1cm幅の輪切りにする。
3 厚手の鍋にオリーブオイルをひいて玉ねぎを敷き詰める。鶏肉の皮側を下にしてのせ、タイム3本、白ワイン1/4カップを加えて中火にかける。
4 沸騰したら蓋をして(a)、弱火で7分蒸し煮にする。鶏肉を裏返してさらに5分蒸し煮にしてから火を止め、蓋をしたまま粗熱を取り、冷ます。
5 タイムを取り除き、鶏肉の皮は細切りに、身はざっくりとほぐす。
6 ボウルにBを入れ、4の鍋に残った蒸し汁と玉ねぎ、5の鶏肉を加えて混ぜ、なじませる。塩で味を調え、冷蔵庫で2時間ほど冷やす。
7 器に盛り、タイムの葉3本分を散らす。

レモングラス

葉よりも茎の白い部分の方が香りが強く、料理にはそちらをよく使います。茎はあまり流通していないので、ぜひ家で育てて、料理を楽しんでみてはいかがでしょうか。スープや煮込み、炒めものにも。

鶏肉とレモングラスの炊き込みご飯

レモングラスやしょうがの香りを炊き込んだベトナム風の料理。レモングラスの茎は包丁で割って、風味がよく出るようにします。香ばしく焼いた鶏肉を加えて蒸らせば、なんともいえぬいい香りで食欲がそそられます。

a

材料(2人分)
鶏もも肉……1枚(250g)
A ナンプラー……小さじ1
オイスターソース……小さじ1
にんにく(すりおろす)……1/2かけ
砂糖……小さじ1/2
粗びき黒こしょう……少々
レモングラス……1本
しょうが……1かけ
レモン……1/4個
米……1.5合
B 塩……小さじ2/3
ナンプラー……小さじ1
油……小さじ1
油……適量

1 鶏肉は余分な脂を取り除き、ひと口大に切る。Aをもみ込んで10分ほど置く。

2 レモングラスは7〜8cm長さに切り、根元の太い部分は縦に4つ割りにする。しょうがは皮を厚めにむき(皮も取り置く)、太めのせん切りにする。レモンは2等分のくし形切りにする。

3 米をといでザルに上げて炊飯釜に入れ、水270mℓとBを入れてひと混ぜし、しょうがの皮をのせ、ところどころにレモングラスを刺して(a)30分ほどつけてから炊く。

4 フライパンに油をひいて中火で熱し、1を炒める。焼き色が付いてきたら火からおろし、炊き上がった3のご飯の上にのせて10分ほど蒸らす。

5 しょうがのせん切りをのせて底からざっくりと混ぜ、レモンを搾りかけながら食べる。

ガーデン監修

大多喜ハーブガーデン

千葉県大多喜町にある4,500㎡を超える広さの室内ガラスハウスガーデン。季節のハーブが200種以上植栽され、年間を通して楽しめる。園内には自社農園のほか、ハーブカフェレストラン、手作り食品が並ぶガーデンショップ、アロマアイテムを扱う魔女の実験室、さらにはドッグランもある。週末にはさまざまなテーマでマルシェが開かれ、近隣のみならず遠方からも多くの人が訪れる人気スポット。本書では、第１章〜第３章を担当。
https://herbisland.co.jp/

レシピ制作

こてらみや

京都・祇園生まれ。フードコーディネーター・料理家として、食を中心とした暮らしにまつわるさまざまなことを発信している。日々の楽しみは、ベランダで育てたハーブや果物を使って料理すること。10万部を超えるベストセラー『365日、おいしい手作り！「魔法のびん詰め」』（王様文庫）ほか、近著に『料理がたのしくなる料理』（アノニマ・スタジオ）、『レモン料理とお菓子』（山と渓谷社）がある。本書では第４章のレシピを担当。
インスタグラム @osarumonkey

育てて楽しむ
小さなハーブガーデン

2023年3月20日　第1刷発行

監修　大多喜ハーブガーデン

発行者　河地尚之

発行所　一般社団法人 家の光協会
〒162-8448 東京都新宿区市谷船河原町11
電話 03-3266-9029（販売）
03-3266-9028（編集）
振替 00150-1-4724

印刷・製本 図書印刷株式会社

ISBN 978-4-259-56755-2 C0061

協力　小幡恭稔、瀧口千恵子
デザイン　中村 妙
撮影　佐藤克秋
取材　片田理恵
校正　ケイズオフィス
ＤＴＰ制作　天龍社
編集　広谷綾子

参考文献
『ハーブのすべてがわかる事典』
（ジャパンハーブソサエティー著／ナツメ社）
『ハーブ＆ライフ検定テキスト』
（日本メディカルハーブ協会検定委員会監修／池田書店）
『メディカルハーブ検定テキスト』
（日本メディカルハーブ協会検定委員会監修／池田書店）
『はじめてのベジ・ガーデン』
（矢田陽介監修／成美堂出版）